对于自己，你还是个陌生人

大将军郭 ——

著

人民邮电出版社

北京

图书在版编目（CIP）数据

对于自己，你还是个陌生人 / 大将军郭著. -- 北京：
人民邮电出版社，2023.3
ISBN 978-7-115-60765-2

Ⅰ．①对… Ⅱ．①大… Ⅲ．①认知心理学－通俗读物
Ⅳ．①B842.1-49
中国国家版本馆CIP数据核字（2023）第003358号

◆ 著　　　　大将军郭
　　责任编辑　马晓娜
　　责任印制　陈　犇

◆ **人民邮电出版社出版发行**　　北京市丰台区成寿寺路 11 号
　　邮编 100164　　电子邮件 315@ptpress.com.cn
　　网址 https://www.ptpress.com.cn
　　三河市中晟雅豪印务有限公司印刷

◆ 开本：880×1230　1/32
　　印张：9.5　　　　　　　　　　2023 年 3 月第 1 版
　　字数：178 千字　　　　　　　2023 年 3 月河北第 1 次印刷

定价：59.80 元

读者服务热线：（010）81055671　印装质量热线：（010）81055316
反盗版热线：（010）81055315
广告经营许可证：京东市监广登字 20170147 号

目　录

第二部分

醒觉与重塑：初见陌生的真我

第三部分
秩序与自由：越醒觉越自由的我

第七章　内心秩序新构

第八章　掌控真我的新人生

再版序言

　　在本书初版后的一次读者分享会上，有一位读者向我提问："我真的很想多了解自己一些，有没有什么好的心理学方法呢？"

　　这个提问当然有取巧的回答，比如"我的书里就有"，然而我当时还是反问他："了解自己，你真的准备好了吗？"这位读者有一丝困惑："我还需要做什么准备吗？"

　　这本书缘起于我作为心理咨询师的工作感悟。心理学上有一个共识——所有的问题和困扰最终都会落脚到"自我"这个母题之中，认识自己、了解自己是每个人都绕不开的功课，然而我们常常缺席这门功课。

　　我曾经认同缺席的原因是暂时缺少方法。然而如今再回望"认识自我"这一母题，我更加确定，认识自我也是某种冒险。正如尼采所说："你们无法承受自身，你们的辛劳是一种逃避，是意图忘却自我。"

所以当时的我才会问："你真的准备好了吗？"那么你呢，你真的准备好开始冒险了吗？

每个人都会或多或少害怕面对真实的自己，甚至会因为恐惧而躲藏。恐惧来源于对自我的陌生感，是本能的对未知的抗拒。

如果不去认识真实的自己，我们就可以在熟悉的框架中，在既定的规则下去生活，无须调适，无须改变，哪怕"假我"要跟困扰和痛苦做伴，但熟悉的困扰和痛苦会让我们更觉安全。我们还会自我麻痹，就像本书的一篇文章中提到的那句"我习惯了"，这句话是很多人惯用的自我安慰话术，也折射了僵化的思维模式——"习惯了就好了"。

习惯了作伪的自我，习惯了困扰和痛苦，就真的"好了"吗？其实，熟悉和习惯只是我们不敢面对"真我"时的一种心理防御机制。

的确，认识自己是危险的，也会经历痛苦。当我们发现"自我"当中仍有很多未被看清的地方，我们会怀疑自己原来是这样的吗？亦会焦虑自己该怎么去面对自己，甚至会否认"这不是真正的自己"。

以上"危险"的心路历程，我经历过，我的大多数来访者也经历过，而这场冒险的结果是我们都获得了某种奖赏，在直面陌生和未知之后，发现了真实的、全新的、告别痛苦的且自洽的自我，这正是危险中的迷人之处。

认识自我，需要智慧和见识，更需要勇气。

在后疫情时代，虽然你还没有做好充分的准备，虽然你偶尔还是胆怯，但你可能也隐约意识到了，认识自我已成为不得不做的功课。稳固好生活的"小环境"，搭建牢靠安全的"个人生活系统"，是我们保卫生活的最后堡垒，这也就意味着我们要花更多时间跟自我相处，再也不能缺席这门功课了。

是时候开启这段危险而迷人的旅程了，我很确定的是，你会发现对自我的陌生感也是一种灵动的生命力之感，认识自我是一种"自我更新"，让你每时每刻都能体验生机和活力，"自我"会源源不断地给你惊喜。

6年前，我写下这本书，这6年间，我时常翻看它，像一种自我检阅，这些文字也成了自己丈量"自我更新"的尺度。我时常问自己，我对自己的了解又多了几分？是否依然有陌生的、尚未察觉的部分被隐蔽在别处？

现在我的答案是，"自我"中的陌生感会一生相随，"自我"不是名词，而是一个动词，我们这一生都在随"自我"舞动。但亦有别的可能，今时今日的舞步，也会引领来日"自我"生长的方向。

6年之后，这本书即将再版。部分内容我保持了文字原貌，曾经的热忱、笃定与坚守都毫无保留地呈现其中，也做了许多内容的扩充和延展，是如今心境的开阔、松弛与欣悦的融合。

这本书的再版于我而言，是再次体验陌生感的冒险，也是我发出的邀请，诚恳邀请你一起加入。

已向不惑之年挺进的我，仍对这个世界迷惘，有时也对自己无措，虽然困惑，却一直没有停止探索。世界有边界，自我的版图却始终有自我更新迭代的可能，多了解自己一寸，就多一寸乐趣。

2022 年 8 月 北京

前言

　　以前，我经常翻来覆去做同一个梦，在梦里我是一名指挥着千军万马的将军，铁马金戈，杀敌无数。我向往梦中的生活，骏马一匹，盔甲护身，长刀短剑，旌旗猎猎，收复城池，扩展疆土。然而，这注定无法实现。好长时间我都没琢磨明白，这个梦跟现实生活有什么特别的联系。

　　朝九晚六的现代生活中，我是一名心理咨询师。从研究生阶段至今的14年，我接触过无数案例，遇到了形形色色的人，我在安静的咨询室里倾听他们的人生。我见过癫狂，闻过悲伤，手里的纸巾浸满过他们的泪水，我能做的就是尽可能地帮助他们驱散头顶笼罩的乌云，重见晴天。

　　有时候我想起找我咨询的人们，脑海里总是会出现被提及频次最高的两个问题——"为什么我会这样？""我该怎么办？"他们中间，有人在情爱中摸爬滚打，自认为清醒理智，却总是向不值得爱的人臣服；有人已经到了而立之年，以为自己刀枪不入，但是每每想起童年创伤还是失声痛哭；还有的人辗转多个城市生活，换过各种类型的工作，仍然不知道自己真正要的是什么，不停地做无谓的尝试。

他们问我："我竟然不是我以为的那个样子，我是怎么变成了如今的自己？我又能做些什么让自己成为想成为的那种人？"在一次次陪伴他们梳理过去的事情和现在的经历时，我更加明白了这些疑问背后的症结所在：不论岁月的年轮刻画了多少圈，他们对于自己的了解并没有由表及里地一寸寸加深，抑或是被一些表象迷惑，因此从来没照见真实的自我。

如果连自己都不了解，我们怎么确保所有的努力都朝着对的方向呢？如果连自己都没有看清，又怎么能清醒地看待世界和他人呢？

这感觉就如同有一天你在镜子前忽然发现一张陌生的脸，而这张脸竟然是你自己。出现这种惶恐和疑惑并不是必然的，你原本可以对自己有更透彻的了解，你原本可以过上更平静美好的人生。但现在发现并不算晚。种一棵树最好的时机有两个，一个是十年前，一个就是现在。而认识自己，熟悉自己，从这一刻开始还来得及。

如果每个人都能早一点发现自己的软肋和短板，或许就不会让自己暴露在不利的环境当中以卵击石；如果每个人都能早一点认识到自己的优势和长处，或许就不会再纠缠和挣扎于自卑之中无法自拔。更为重要的是，当我们遇到麻烦感到迷惘时，我们能快速地找到真正适合自己的选择，不浪费光阴，不消耗自我。

以前，我们愿意花费大把的时间去了解一座陌生的城市，消耗巨大的精力去接触一个陌生的人。现在，又有什么理由不多留给自己一点温柔，去熟悉和亲近真实的自我呢？

当我再想起我的那个梦，忽然找到了它反复出现的缘由所在。虽不能穿越回战争年代，但我依然可以成为带兵领将的将军，笔是我的武器，文字是我的战马，而我想守护的是在生活中困顿的人们，我要斩除的是他们心中对自我的陌生感。征服城池远不如征服自己有意义，而开疆扩土意味着不再被虚幻的自我蒙蔽，为自己争取更宽阔的人生之路。把真实的心路历程变成文字，这是我在咨询室以外能做的最好的事，愿它们成为你的铠甲，护你周全，也愿它们变成你的武器，打破你与生活之间的壁垒。

毕竟这一生没有什么比了解自己更重要的事了。唯有一个通畅的自我，才能抚平内心的褶皱，翻越生活的沟壑。

第一部分

内耗与痴缠：沉迷在假我的游戏

第一章

习惯成瘾

1 取悦症：你对谁都好，就是对自己太差

一个朋友开了间工作室，他的公司网站出现了一些问题。我另外一个朋友懂些技术，就过去帮忙看看。他家住在石景山区，那段时间每个周末都往返于 40 千米外的朋友的工作室，并没有怎么休息。

说起来，他与这个朋友也并不怎么相熟，不过是在一次聚会上认识的，且只有一面之缘，但对方开口，他又不好意思拒绝，只能硬着头皮上。我的这位朋友确实是一位"好好先生"，平时工作朝九晚九地忙，周末从不为自己着想，还要奔波劳累去给别人帮忙。生活中他是热心肠，谁有什么事都喜欢求助于他。不是因为他能力过人，只是因为他不会拒绝，哪怕委屈和牺牲自己也要铆着劲儿为别人两肋插刀。

他让我想起我的一个远房亲戚，这个女孩当年因为男朋友不想留在广州便辞去了很有前途的外企工作，跟男朋友回到县城，考上了公务员，结婚生子。她的生活除了照顾家庭、工作，还有一大堆"公益"要做。因为她学习成绩一直都很好，又爱帮忙，所以亲戚、朋友、领导、同事的孩子需要课外辅导时都找她，也是因为她略懂投资理财知识，所以也经常毫不客气地被他们当作家庭理财顾问。

几年不见，我发现她苍老了许多，生活里完全没有只属于自己的时间与空间，只要有点空闲时间，都忙着帮助别人。我问她这样快乐吗？她说太累了，起初那点快乐早就消耗殆尽了，现在就盼着能甩去这一身麻烦，轻松地过自己的日子。她还想着腾出时间做点其他事，但因为时间和精力都耗费在帮别人的忙上，根本无暇安排自己的人生。

我们身边可能不乏这样热心肠的人，或者你也是这样，对别人很好，只是对自己太差。整个人就像在为别人而活，无私到让人总是止不住赞叹他们高尚的品格。只要别人开口，无论是力所能及还是要费九牛二虎之力才能完成的事，他们都一口答应。他们可能自己过得捉襟见肘，还会慷慨地借钱给朋友；工作上已经忙得团团转，还会挤出时间帮别人解决麻烦；在亲密关系中，他们不舍得给自己买一身衣服，给伴侣置办行头时却舍得一掷千金。在满足别人需求的同时，他们还掩藏着自己的欲望，舍弃了太多自我。

取悦的表现：极端无私

我承认，的确有乐善好施者，他们寻找人生意义的方式就在于帮助他人，并且在这个过程中会体验到十足的成就感和价值感，抛开深层次的东西不谈，至少他们是快乐的。但另一群人，看起来也同样一身侠肝义胆，也的确在为别人的福祉不停奋斗，但是他们忽视了自己的感受，他们不快乐。为了成全他人，常常委屈自己，屡次想要拒绝别人的求助，却终究还是吐不出一个"不"字。

这样的人，心理学家给他们起了一个别致的名字——"看管人性格紊乱"或"取悦症"。这种对他人太友善的无私性格或是一种病态，**极端无私是一种用来掩盖一系列心理和情感问题的性格特征**。他们友善的背后通常是痛苦、孤立、空虚、罪恶感、羞耻感、愤怒和焦虑。

这样倾其所有取悦他人的人，并非为获得某种利益而刻意讨好，他们只是对拒绝和敌意有着天然的畏惧和焦虑。可能他们从小就在学习如何尽力避免拒绝他人引起敌意，因此戴上友善的面具，只考虑他人而忽略自己，其实是他们希望感到被人需要。被需要是一件多么体面又风光的事——这说明你不是一个无用之人，说明你在他人眼里有着熠熠生辉的价值。像一匹良驹终于在人群中被伯乐发现了，那种兴奋和激动真是难以掩饰。

没错，每个人都会通过别人对我们的反馈来确认自己的价值感，但别忽视，这样的价值感只是我们建立自我认同的一部分来源。正确的自我认同首先应基于良性的自我反馈，而完全建立在他人评价上的自信就像搭建在沙尘之上的高楼，风吹沙动，并不牢靠。

一旦有一次你没能满足对方的需求，这种失落和价值丧失感便会如影相随，让你痛苦、焦虑，产生深刻的自我怀疑："我没能帮上忙，我真没用。"

取悦的表现：过分善良

除了获得价值感，看管人性格紊乱症的人还追求情感上的满足。为了获得爱和温暖，他们自认为需要投其所好，讨好别人。他们的内心暗示是："要让别人喜欢我，这样我才能生存下去。"抱持着这样的生活逻辑，他们渐渐形成了讨好型的人际交往策略。

根据萨提亚理论，人与人在交往过程中会有四种应对策略：

1. 讨好型：压抑自己真实的需求和感受，以他人的喜好为标准，通过迎合他人保护自己；

2. 超理性型：不近人情，绝对理性地分析一切问题，实则是为了保护自己免受伤害而将自己的感情、情绪完全封闭起来；

3.指责型：将一切问题归咎于对方，保护自己不受伤；

4.表里合一型：心理与行为呈现统一的状态。

在不同的人际交往情境中，我们可能需要采取不同的人际交往策略，健康的人际关系也同样需要因人而异的方式。但讨好型的人始终如一地以跪地仰望的姿态与人接触。当取悦症越来越严重，他们不仅会积极回应别人的需求，还会主动去迎合。这渐渐成为他们的人格面具，在不断的自我暗示和他人的反馈中，强化着自己"善良、乐于助人、无私"的对外形象。这样的对外形象还常常会成为被人利用的原因。原本他们只是把善良当作人际交往的润滑剂，却未曾想到，过分善良也会害了自己。

因为觉得你不会拒绝，所以旁人会习惯性地向你索取，必要的、不必要的事情都来求助于你；因为觉得你总是为他人着想，所以旁人会处处以自我为中心，不以为然地忽略你的感受。

取悦症患者可能会感到被辜负、被欺骗，却始终不愿意从这种模式中寻求解脱，因为他们已经形成了思维定式——别人不满意是因为自己付出的还不够多，别人不开心是因为自己还不够好，所以别人的剥削只会让他们更努力地讨好。

他们不是天生媚骨，也并不虚伪，他们只是感到无能为力，对说出拒绝无能为力，对放弃自己习惯性的迎合无能为力。

终止取悦，过好自己的人生

如果你还想过好自己的人生，就不能只为别人的福祉忙碌。首先，你要学会分辨哪些忙该帮，而哪些事情确实超出了自己的承受范围。即便你帮了，不但会让你劳累、收不到应有的感激和回馈，也牺牲了自己的需求。有效的分辨方式是基于人际关系的亲疏远近，也就是说依据他人对你而言的重要程度决定是否帮忙。有很多人可以称为朋友，但不是与所有人的交情都相同，他们和你的心理距离也各不一样。

取悦症患者的内心焦灼，常常就是因为他们把所有人都放在了同等重要的位置，就好像所有人都紧紧地簇拥在心间。实际上，在这样密不透风的空间里，他们只会感到更加窘迫、急促、呼吸困难。

每个人都是带刺的，交往时不能保持一定的心理距离，只会让你在感到温暖的同时被刺伤。跨越遥远的心理距离奔到他人面前为他人解决麻烦，是一种心理资源的巨大消耗。

首先，请明确对方的重要程度。

在我们的生命里，很多人都是出现了又消失了。朋友来来往往，爱人有离有合。很多感情目的不纯，去向不明。我们手里能够真实握着的感情，到底只有几份。所以，下次给予善良和爱心之前，请先问问自己，这个人、这件事是不是重要到需要你先把自己丢在一旁。

其次，请先确认自己"有余"。

我认为对我们非常重要的人而言，最真挚的给予就是"只要你要，只要我有"。但是，这个"有"是以自己"有余"为前提条件的。完全不考虑自己的需求是对自己无爱，那还怎么爱别人？

想想飞机起飞前播放的安全须知，当遇到紧急情况时，无论如何都请先为自己戴上氧气罩再来帮助他人，否则，害人害己。把自己掏空去帮助别人，在现实生活里并不是那么伟大，并非每个人都是英雄，也不是所有人都值得你赴汤蹈火。

最后，学会自我设限和拒绝。

当你确定这件事确实帮不到、做不了，当你判断这个人不值得、不至于时，请用不带有敌意的坚决告诉他们："抱歉，我帮不上忙。"

判断一个人在社交中的心理成熟度，要看他能否自如地对别人说"不"，同时能否接受别人的拒绝。能够说"不"和能够接受被拒绝都是需要自信和勇气的。**不会拒绝也不能自如地提出要求，又怕被别人拒绝的心理状态，在心理学上称为"被拒敏感"。**

拒绝常常和否定相连。你总感觉拒绝别人是在否定对方的价值，正是因为你会把这个想法投射到他人身上，所以你也同样害怕拒绝他人。你希望自己是无害的，是利他主义的，你不想伤害别人的自尊，所以你不拒绝。

怕说"不"的人，在过去的经历和人际环境中，一定存在着很多"不许……"的规则和约束。在"不许……"的语言暴力下，人的行为在无形中被一种势力控制着，总是听到和遭到"你不能……""你不要……""你如果不……就会……"的指引，脑海里容纳了过多与"不"相关的内容，一个人的个性里会渐渐形成对"不"的高度敏感，这是人在文化禁忌影响下，害怕被拒绝的原始创伤。

不拒绝并不意味着能够避免和减少伤害，当你因不忍拒绝或能力不足而不得不为难自己也耽误他人的时候，只会在无尽的拖延中伤害彼此，面对他人的求助，拖延才是最残忍的拒绝。所以，拒绝也要及时开口，讲明原因和表达真诚的歉意，也是一种尊重他人的解决方式。

任何对这个世界的善意和爱，都请先以不破坏自己的生活为前提，适度的牺牲和忍让是一种美德，但没有任何一个人、一件事值得让你放弃你自己的生活，不留一点爱给自己。

如果你不能停止这种不断付出以取悦他人的心态，你也将一直跪在别人的心里，难以挺直腰板，最终的结果是牺牲自己的人生，换取的只是他人习以为常地接受这份好。

 2 自证预言：你担心的事总是很容易发生

你有过类似的经历吗？

1. 明天早上有很重要的会议，你担心迟到，最后你真的迟到了。

2. 排队买票的队伍有两条，人数差不多，你总觉得自己站的队速度比较慢，结果真的如此。另一条队伍里比你来得晚的人都买好票走了，而你还在排队。

3. 你总是担心会跟父母产生争执，结果越担心，争执越多。

4. 曾经的恋人劈腿，你心有余悸，再次恋爱时你害怕同样的剧情重演，没想到，竟然真的又因为对方出轨分手了。

……

即便你没有过一模一样的遭遇，也肯定有过相似的感触：**你越担心的事，越容易发生**。它像一个莫名的诅咒，频频应验，让你不但被担心困扰，还要承受那随之而来的糟糕结果，这简直就是双重伤害。你明明为了避免坏结果的出现做出了诸多努力，但依然无济于事，你以为或许这就是宿命，是躲不过去的诅咒。

其实，没有什么宿命，施加所谓诅咒的人就是自己。你在无意识当中促成了那些你担心的事的发生。这种无意识包括两种情况——"选择记忆效应"和"自证预言"。

选择记忆效应

回到刚才提到的四个例子，前两个就是"选择记忆效应"的最佳说明。那些你担心的事的确发生了，但你的记忆愚弄了你，让你误以为这件事发生的可能性更大，甚至是绝对会发生。这并非你的大脑或记忆出了什么问题，而是正常、普遍的现象，但如果你没有意识到这件事的原理，就会给你的生活带来困扰。

我们的大脑每天都会处理庞大数量的信息，但并非全部的信息都会进入记忆空间。记忆也是有"筛选漏斗"的，有一些被筛掉后会被我们遗忘，有一些顺利通过"筛选漏斗"进入记忆容器里，被我们记得。

这个"筛选漏斗"绝非随机选择哪些信息会被淘汰、哪些信息会被留存，它有自己的运作机制。这个运作机制比较复杂，其中有几个因素很重要，第一是信息本身的重要程度，第二是你的情绪，第三是你的认知加工。**信息越重要，越容易被记住；情绪越强烈或越负面，越容易被记住；对信息的加工越精细、越复杂也更容易被记住。**

一场会议是重要的，迟到会让你产生自责、内疚等负面情绪，你又会因为这种自责产生更复杂的思考，比如回想你为什么偏偏在重要的会上迟到，你本不应该迟到，这件事与"记忆漏斗"筛选信息的运作机制完全吻合，因此更容易给我们留下深刻的印象。

这跟我们常说的"人总是更容易记住痛苦"是一回事。虽然每个人都更愿意留住美好的回忆，但挫折、失望、愧疚等负面的情绪体验，往往会更容易引起我们身体各项指标的变化，也会在我们的认知世界里被反复琢磨和加工。如此看来，痛苦自然会留下更多痕迹。

这种痕迹带给我们的往往是对事件进行选择记忆，忽略了那些你担心的事并没有发生的情况，因为它们在你的认知里是顺理成章的结果，不会引起你过多的情绪体验，也不会让你对这件事牵肠挂肚，它便会滑出你的记忆。所以，你担心的事情的确发生过，但也有如你所愿没发生的时候，是你的选择记忆愚弄了你，让你产生了错觉。

自证预言

再说到第二种无意识——自证预言，一个听上去很玄妙的词，还有种宿命的感觉，但理解了它，你就会明白，所谓的宿命都是自己给自己设定的。**自证预言的意思是，人会不自觉地按预言行事，最终令预言发生。**这个的预言其实是你对事情的看法。例如，面试之前，你觉得准备没有用，面试不会成功。最后虽然你依然做了面试准备，但预言还是实现了，你真的没有成功。是准备真的没用吗？未必如此。因为你怀着"面试不会成功"的负面认知，所以即便准备了，在面试过程中你也还是对结果持怀疑态度，你难以集中精神全力以赴，那么之前的准备不过是走过场，你并没有让它发挥真正的作用，最终面试失败。

这个例子说明了你的认知会影响你的行为，行为导致了不好的结果，最后真的验证了你最初的认知——做这件事是没用的。你的认知又是从何而来呢？它不是凭空出现的，它受个人经验和情绪的影响深重。这种自证预言的罪魁祸首就是担心的情绪状态。

当我们处于担心的情绪中，会有一种缺失安全感的体验，而安全感的缺失又会推动着我们处处警惕小心，对他人的态度也会产生相应的变化。 所以这种"担心什么来什么"的事情不单单会发生在自己的身上，也会像前文提到的第三、第四个例子一样，左右别人与你的关系。这是因为我们的行为会影响他人对待我们的态度和行为。

像那个遭遇过对象出轨的人，他非常担心在新的恋情中再次发生同样的事，所以会担忧、害怕和警惕，这些情绪会让他不信任自己的伴侣，对方跟异性同事吃饭或跟异性朋友说话，这些在他人看来很平常的事，也会被他当作危险的信号。他对待这些信号的处理方式可能是质问、要求对方解释甚至偷偷翻看对方的手机。诸如此类不信任的行为会让对方感到不被尊重和信任，所以对方也难以建立安全感和信任，进而逃避追问、隐瞒真相。久而久之，在关系当中长期压抑不快的状态或许会促使对方寻找新的感情依靠。

看起来，自证预言不过是我们给自己设置的圈套，有时这种预言是没必要的，是虚假的。有个经典的心理学研究叫"疤痕实验"，参加实验的志愿者们被告知了实验目的：他们将通过以假乱真的化妆技术，变成一个面部有疤痕的丑陋的人，然后在指定的地方观察和感受不同的陌生人对自己产生怎样的反应。

志愿者们在化妆过后通过镜子看到了自己面带疤痕的丑陋样子，而后在他们不知情的状况下，脸上的疤痕已经被处理掉，他们走出去面对陌生人时其实在以真实面貌示人。实验结束后，志愿者们报告他们感受到的陌生人的反应，无一不是对自己感到厌恶、缺乏善意，甚至认为别人会盯着自己的疤痕看。

而实际上，他们的脸上根本没有疤痕，志愿者之所以会得到那样的反馈，是因为他们认为自己脸上有疤痕、很丑陋。**你觉得自己是面目可憎的，才会认为别人也觉得你面目可憎。**

心里有疤比脸上有疤还要可怕，它会让我们对自己产生怀疑，对他人产生怀疑，对人生消极抵抗，这道心里的疤就是你自证预言的证据。从这个实验当中我们应该明白，其实自以为的东西或许根本不存在。

积极行动

所以，"你担心的事情总是很容易发生"这一命题是个伪命题，放到浩瀚宇宙中来看，不过是千万件事当中的一个，它的发生有其难以更改的自然概率，没有绝对，没有必然，但的确有可能会被人为地调整和改变。

这种人为的调整和改变，绝不是你的"担忧"，虽然适度担忧会起到保护作用，但别忘了一个词叫作"过犹不及"，过度担忧只会使操纵命运的轮盘朝着我们担心的方向加速旋转。

我们能做的就是把握好影响事情发展走向的内因，通过积极的行动降低糟糕结果发生的可能性。害怕迟到就早一点起床；担心争执和吵架就保持心平气和，坦诚沟通；怀疑对象出轨就多考察一段时间再决定……至于外因，我们确实没办法左右，但接受它的发生，用良好的心态去面对，便不会遭受更大的伤害。

别忘了，我们手里还有两个武器，你可以选择留下更客观的记忆，也可以选择去验证更美丽的预言。

❸ 扭转受害者心态：就好像全世界都与你为敌

生活中总有一类人，他们过得不太好，一定是别人的错，一定是被人迫害的。**社会是地狱，他人有问题，就好像所有人生下来的使命都是给他使绊子，就好像全世界都与他为敌。**

我有个男性朋友，他最爱的论调是怀才不遇，每次说起工作，他都气得直跺脚。不是领导有眼无珠，就是同事抢他的风头，总之这几年换的好几份工作都不适合他。他总挂在嘴边的话是，不是我不行，是周围的人总是排挤、打压他。

我的另一位女性朋友，恋爱经验丰富，坦白地讲是分手经验丰富。她每一次分手后都要把前任数落个狗血淋头：不体贴、不上进、控制欲强等，说到底都是对方的不好。她最爱说的话是，要不是这些不靠谱的前任把自己耽误了，现在自己早就已经结婚生子了。

　　我看过一部电影叫《等风来》，女主角程羽蒙在公司处处感到不公，原本准备借工作之便踏上托斯卡纳风光之旅，却最终被"流放"到条件不好的尼泊尔静心老年团。可是就连这趟旅行也处处因团友的奇葩行为受阻，她一路都像个受气包，要不是社会不公、他人连累，她也不至于阴差阳错来到这里。在团友王灿几次激怒和直言下，她终于意识到，尽管境遇糟糕，人心难测，但问题的根源还是自己。就像她给自己起的笔名"羽蒙"，羽蒙是《山海经》里的人形怪兽，它虽然有一双翅膀，但是飞不远。不怪那风，不怨那山，只恨自己翅膀太短。

　　生活里这样的例子比比皆是。这种心态简直是这个世界上最常见又最难根治的慢性病之一。一般情况下，有这种心态的人最爱在生活中倾情出演受害者、弱者等类似苦情角色，并且入戏太深，陷入荒诞的逻辑之中。

　　工资不高是因为这个行业工资水平就低。

　　我没晋升，同事晋升了，同事还不是靠关系嘛！

谈恋爱总吵架，都怪男朋友不争气。

他们的现状一定是惨烈的。是的，我没有想让谁在悲戚的生活中掩耳盗铃，我确实能看到这些人过得不如意。可是，把问题统统扔给别人，自己一副事不关己的样子，这样真的能解决问题吗？作为最关键的当事人，真的能置身事外吗？

受害者心态，源自不想负责任

如果我们认为发生不好的事不是自己的错，就不需要为它负责。如果我们不需要为它负责，自己就始终是受害者，永远无法翻身。**怀揣着受害者心态，你会逐渐在内心放大自己所遭受的不公平，让自己成为一个真正的受害者，每天都生活在抱怨之中。**而这种看似不理性又有很多坏处的心态的出现，最开始是因为它能够给我们暂时的保护，这种保护就是心理防御机制之一。

心理防御机制是指在面临挫折或紧急状况时，我们的心理活动会产生一种适应性倾向——自觉或不自觉地摆脱烦恼，减轻内心的不安，以恢复心理的平衡与稳定。

当我们遇到问题时，如果把责任都归咎于别人，这可以在某种程度上减轻自己的内疚，也会减少无力感带来的自卑。毕竟这样做的成本很低，既不必承认别人有什么长处，也不必找机会提高自己，只需要站在原地发脾气就可以了。这样看似可以一劳永逸地解决我们遇到的不公平的问题，反正都是别人的错，我们只是在被"虐待"，于是最终成了一个"受虐狂"。

这是心理防御机制使用过度所产生的必然的恶性结果——退缩行为。我们在困难面前不积极主动地解决问题，而是选择退缩。怨天尤人是我们唯一的回应。

其实，经历不公平的对待或生活的打击之后，你本只会受到100点伤害，但因为你的心态，这种伤害会扩大，最终感受到的伤害可能是1000点。因为任何心理创伤都必须有所谓受害者的"配合"才能够形成。你越是故步自封，把自己定位成受害者的角色，这种伤害就越是猛烈，就像用显微镜盯着自己的伤口，你的眼中容不下其他。受害者的姿态还会让你不断地顾影自怜，约翰·W. 加德纳（John W. Gardner）说过："自怜很容易成为最具破坏性的非药物性麻醉。人会对此上瘾，将事件中受害的部分剥离出来，以得到短暂的安慰。"

在这种自怜的状态下，人会觉得整个世界都与自己对立，陷入僵局。如果不采取行动，人就会迷失在忧郁和自怜的恐惧中。**这就是你给自己设定的恶性心理游戏：受到伤害——别人的错——我是受害者——我可怜自己——被动迎接伤害——不作为。**

受害者心态的好处

当然，你迟迟不肯行动，还因为受害者心态给你带来了很多好处。

你会得到帮助。

你会一直感觉别人对你不错，因为他们会关注并想帮助你，因为他们也觉得你是弱者，你可怜。但这样的帮助不会持续太长时间，时间久了他们会厌倦，这就是所谓的"救急不救穷"。

你不用面临风险。

当你想做个受害者时，你会倾向于不采取行动，这样就不用面对拒绝和失败。毕竟承认自己的失败会让你更难过，而采取行动就可能出现新的风险，面临新的困境。

你不用承担责任。

为自己的生活负责是件很艰难的事，有时，你会因为它太沉重而想要撂挑子。而把责任都推到别人身上就轻松多了，你不必痛苦地为自己的错误负责。

让你感觉良好。

当你觉得一切都是别人的错，而只有你自己正确时，你会感觉不错，好像"众人皆醉我独醒"。

可惜这一切都短暂易逝，长期处在受害者心态里，会让我们越来越难以反省自身的问题，谈何改进？我们会越来越容易怪罪别人，抱怨人生；它还会侵蚀你的人际关系，因为没有任何一种关系不需要维系和经营，而你只等待别人改变。

逃离受害者心态

如果你还有一点野心，请从现在开始为自己的生命负责。工作不顺是不是不仅仅因为职场环境恶劣、领导势利？那个看似有心机的同事是不是确实具备一些你不具备的能力？女友弃你而去是因为她嫌贫爱富，还是因为对你的不求上进感到失望？

如果你不能尝试用这些思维思考你的人生，那么别人讲再多都无济于事。我知道那些多年养成的受害者思维方式让你感到亲切又熟悉，但回头看看，它究竟给你带来了什么呢？除了在你前进的道路上不停地拖后腿，它还会让你更加顾影自怜，在每个深夜不停反刍发生的一切，并捶胸顿足问为什么受伤的总是自己？

请不要再纠缠于这个问题而拖垮自己。不如问问自己："我能做些什么来解决这个问题？谁能帮助我？我从哪儿能得到帮助我解决这个问题的信息？"脑子里多一些更富有建设性的想法，你就不会陷入受害者心态的囚笼，而是朝着解决问题的方向努力。没准儿你也会摇身一变从受害者变成拯救者，拯救自己的生活。

当然，我并不认为这个世界上时刻有公平和正义存在，比尔·盖茨（Bill Gates）给年轻人的 10 条忠告中的第一条就是：Life is not fair, get used to it.（生活是不公平的，你要去适应它。)而适应的方式是消极的还是积极的，决定权在你自己手里。

"人必先自辱，而后人辱之。"**若你不把自己放在一个受害者的位置上，别人也不会争先恐后地来迫害你。总之，别让受害**

者心态离间了你和更好的生活。现在改变，一切都来得及。

用实际行动去宽恕。"当你对另一个人抱有怨恨时，你必然要与那个人或环境，保持一种比钢还要坚实的情感联系。宽恕是消解这种关联获得自由的唯一方法。"在凯瑟琳·庞德（Catherine Ponder）的这段话中，你会找到选择宽恕的最好原因之一。

只要你不原谅对方，你就始终和对方有关联。你将一遍一遍想起那个冤枉你的人以及他做过的事。你们之间的情感是那么强烈。你和你身边的人，会因为你内心的混乱承受很多痛苦。

在你宽恕对方的同时，也意味着将自己从痛苦中解救出来。

④ 受挫敏感：宁愿认怂，也不愿行动

假期跟朋友聚会，尽管几个人境遇不同，却有相同的焦虑。其中有两个人已经陷入选择题里一年之久，迟迟没法解决。

朋友 A 喜欢上了公司的女同事，经过接触后觉得三观一致，性格可人，很多次想要约她吃饭，都被自己的纠结击溃。明明两个人都单身，完全可以主动追求，朋友 A 却顾虑重重。在我们眼里，他大可不必这样，归根结底就一个原因——怂。

朋友 B 家境殷实，工作稳定，但她想要自己创业，反复考虑

了一年，还是迟迟没做决定。其实她完全没有后顾之忧，赚不到钱可以继续回去工作，存款也够她花几年，她说纠结是因为她有选择恐惧症，但选择恐惧症只是表象，她的问题跟第一个朋友没什么区别，都是因为怂。

谁都不想当个怂人，也不喜欢听到这样的评价，但其实大多数人都很怂，内心被焦虑和恐惧折磨了千百回，却还是默默忍受，就是不选择、不行动，这不是怂又是什么？

只不过有时候，这种怂会被习惯性地粉饰成纠结、慎重、焦虑、拖延。有人想换工作却连简历都没投递过；有人好不容易拿到自己想做的项目，却迟迟不肯开始。在失眠、焦虑、纠结、拖延的时候，他们内心都有同一个声音："如果我做错了或失败了，那可怎么办？"

怂的心理动机

怂正是很多人焦虑、纠结的根源——他们太害怕出错，害怕失败，从而阻碍了自己选择和行动。

朋友 A 并不是没有那么喜欢女同事，他只是害怕追求不成功；朋友 B 也的确有创业的梦想，但是更担心梦想破灭。跟失败相比，他们宁愿做那个"因为暂时没有行动，所以没成功"的人，也不想被打上失败的烙印，他们对犯错和失败高度敏感。

噢，还有另外一种说法——完美主义的陷阱。他们是所谓的完美主义者，问起为何迟迟不行动，他们总是说自己要抽丝剥茧地分析所有因素，要经过仔细地权衡才能做出选择，但实际这只是他们延缓失败发生的权宜之计。他们以为只要做出完美的选择就不会失败。没有失败，就能一直拥有幸福的人生。但真相并不是如此，**那些做了所谓完美的选择，尽量规避所有失败的人，往往最不幸福。**

有社会心理学家做过这样一个研究，那些花费大量时间和精力，尽其所能做出自以为最佳选择的人，的确在客观上选了最好的，但主观上他们对这个选择的满意度仍然很低，甚至会有懊悔和抑郁的情绪。相反，那些选了"差不多"选项的人，尽管没有选到最好的，但他们的满意度和幸福感更高。

在追求不会出错的选项的过程中，你会投入过度的时间和精力，这些都会成为你做选择的认知负担，是巨大的损耗。所以尽管你选择了一个看似最好的出路，但实际上你的认知负担已经让这个选择过程变得非常不愉悦，又有多少幸福可言？例如，当你在要不要追求一个姑娘的问题上，花费了一年的时间纠结，体会到了大量的焦虑，哪怕你终于迈出了那一步，最后成功了，但前期所有的焦虑和你付出的认知成本都不会消失。它们会叠加在恋爱的过程中，一开始就会让你感觉这段恋爱好累，负面情绪太多，最后这段恋爱可能真的变成了失败的体验。反倒是那些能快速决定、勇往直前的人，才能以饱满的热情和充沛的精力投入选择和行动中，他们会觉得这段关系的愉悦度更高，幸福感也更高。

不完美也有优势

冲动是魔鬼，但过度害怕出错和失败比魔鬼还可怕，它消磨你的心智，让你无论怎么选都像在远离幸福。失败真就那么可怕吗？害怕出错的"怂人"其实高估了失败的严重性，失败或许会让你更讨人喜欢。

那些在社交中获得高评价的人，往往都曾是"失败者"。有一个经典的社会心理学实验：参加实验的人被分成两组，每一组成员都会拿到一组照片，每一张照片上都有对这个人物的介绍，其实两组成员拿到的照片都一样，但人物介绍不同。

第一组的人拿到的人物介绍都是很成功的人，他们要么管理着很成功的企业，要么有很厉害的艺术天分，家庭幸福，子女健康成长，几乎可以说是完美的代表；第二组人拿到的人物介绍很普通，他们中有单亲妈妈，有屡次创业失败的中年男人，有的人正在第五次申请研究生考试，总之这些人的经历中都有挫折和失误。

最终让小组成员为这些人物打分的时候，那组成功人物的平均得分却低于普通人物的，小组成员普遍对那些有过失败经历、不够完美的人评价更高。

单亲妈妈很不容易，很厉害，尽管婚姻不完整，但是还在努力生活。

失败了四次还在申请研究生，能坚持自我是很可贵的。

比起那些闪闪发光的成功人士，经历过的失败和挫折的普通人显得更为真实和生动，也是那些失败让他们更富有魅力，更能打动人心。

虽然实验没有下结论，但我想还有一种可能，第一组的完美代表其实并不存在，没有谁的人生总是一帆风顺，充满鲜花和掌声。失败本就是平平无奇的存在，它是生活的别样色彩，也是人生中的难得的经历，谁说它又不会成为一种收获呢？

把犯错当成目标

对失败敏感和恐惧，其实不是你一个人的责任，社会环境都在推崇精确和完美。还记得你小时候考试考了 99 分，老师和家长却总是不满意吗？他们总是会问你，那 1 分是怎么扣的？工作后在会议上做总结时，哪怕你取得了比之前更好的业绩，老板还是会问你为什么没能做得更好？恋爱也是如此，你做了 99 次完美男友，但因为一次没能及时回复对方的消息，对方就会责问个不休。

这些问题并非真的在寻求一个答案，它们是一种责备，责备你没有做得更完美，正是这些过于严苛的要求和不切实际的期望，让一个个"怂人"反而不敢努力进取，视失败为洪水猛兽，把苛责当成了合理的标准。

别人问你这些问题，看上去是要你变得更好，但本质上是要通过你变得更好来使他们满意，你幸福与否只有自己最清楚，你的选择和行动要有自己的标准，没有什么比自己的幸福体验更重要了。

我曾经也是个害怕失败的怂人，当然错误也没少犯，失败经历也经常有，当我重新去定义选择和行动的标准后，我反而轻松了不少。

分享一下我的经验：给自己定下一个新的目标，这一年要犯错五次或者失败五次，这样做选择的时候就能更快下决心了，也更容易获得满足了。当错误成为目标的一部分时，我就没有那么多自责和愧疚了，也更能冷静思考犯错的原因。结果是没那么容易犯错了，而收获的一切更像是意外的惊喜，很有成就感。

我觉得每个人都像一只容器，当你能容纳更多，就意味着你能拥有更多。 当你去试着接纳错误和失败，也就意味着能储存更多的成功和幸福。成长的过程就是不断让自己"扩容"，每个人都想争取最好的选择和最大的成功，但更可贵的是有敢于犯错和失败的勇气。

⑤ 选择恐惧：陷入选择，却总有理由不做决定

以前一起工作过的实习生发消息向我求助——到底应该留在现有单位还是换个工作？距离上一次他向我提问"出国留学还是在国内工作"，已过了两年。虽然抛给我的问题不同，但无助和焦虑的心情丝毫没变。印象中他经常在面临选择的时候犹豫不决，大到工作方向，小到衣食住行，他的人生好像一直充斥着难倒他的选择题。他的这个问题被称为"选择恐惧症"，这样的人难选择、易焦虑，很难果断地做出决定。

生活中这样的人有很多，每天一睁眼就欠生活一个答案——我该选什么？你要是鼓励他们快速做选择，调整心态，他没准儿会可怜巴巴地睁着一双无辜的眼睛告诉你："没办法，我就是这样一个纠结的人啊！"

纠结，是一种心理暗示

其实，他不是没办法，只是不想有办法。选择恐惧症是他给自己的心理暗示，纠结是他给自己的胸口一针针纹上的刺青，他不相信自己能快速做出选择。选择焦虑背后的第一层真义就是，他用自我暗示阻碍着自己快速做决定。

通常，我们认为自己是什么样的人，就会做出那样的人该做的事。你认为自己是善良的，就愿意帮助他人；你认为自己是诚

实的，就会拾金不昧；你认为自己是弱小的，就更习惯于寻求保护；你认为自己是纠结的，才会在选择面前左右为难。

你赋予了自己一个纠结的人物设定，跟你赋予自己幽默、懂事、善解人意、贪玩、好奇等设定并无差别，每一种设定都会促使你过上对应的人生。虽然纠结并不是一个积极的信号，甚至有些负面，但有时它依然有着正面的意义。

因为纠结必定使你思前想后，跟冲动脱离干系，这样的状态会让你认为自己是个考虑周全的人。只是你误解了二者之间的区别，做出了错误的判断，过度分析利弊、过长的选择过程不但不周全，还会让你进入一种不堪重负的纠缠不清的状态。

你或许享受深思熟虑的过程，因为这说明你在用理性处理问题，你会欣喜自己是一个成熟的人。但最后它将变成一种折磨，因为每一个选择的落地都在于做出决定并付诸行动，而你迟迟不肯落笔，一片空白的答卷让你更加焦虑。

如此循环往复，**纠结这一设定加剧了你的选择焦虑，选择焦虑又会再次验证你的纠结。你如果不跳出这个怪圈，就永远像一头戴着眼罩围着磨盘打转的驴。**当然，并非所有选择恐惧症的人都是"惯犯"，他们可能偶尔遇到这样的困境，但反应是相似的，"选择恐惧"只是表象。

"选择恐惧"只是表象

有趣的是，大多选择恐惧始于你的生活本身出现了问题，选择困难只是一个表象。 就像你的免疫力出现问题，它可能会反映在皮肤过敏上，也可以反映在感冒发烧上，你要击退的不只是身上的一片红疹和一场高烧，只有提升免疫力才能从根本上解决问题。

回到最初的问题，我的朋友到底是该留在现有的工作岗位，还是应该选择新的工作？他纠结了两个月为什么还没有答案？选择哪个并不是最重要的，重要的是他一直没有厘清自己的职业方向和目标，他对自己的人生仍然感到迷茫。一路走来，他始终不够果决，这是因为从一开始他就不清楚自己真正要的是什么，自己真正适合什么，以自己的能力和条件究竟适合什么样的选择。

将这个根源问题窄化为两个选项的利弊分析是无法解决的，你只有像对付乱成一团的毛线一样，顺着线头找到打结处再一点点解开，而不是急于决定用这团毛线去织围巾还是织毛衣。

还有一部分人会将真正的问题隐藏起来。纠结于要不要换个工作、跟女朋友去哪里度假、买笔记本电脑还是台式电脑，看似是你目前最关心的话题，但实际上，你或许只是用做选择来占据你的时间、精力，而这一阵子你本该去好好完成当下棘手的工作、解决你跟恋人之间的沟通问题或思考个人存款如何打理等。

你之所以陷入选择并迟迟不做决定，是因为你害怕确定了答案之后你就不得不去面对那件你真正需要做的事。选择的结束意

味着你再也没有理由躲避和拖延它。所以不如问问自己，在选择背后，你真正的问题是什么，你最重要的事是眼前这个选择吗？

你除了用选择恐惧这个障眼法屏蔽真正的问题所在，同时还可能会神不知鬼不觉地被眼前的选择吓破胆。你以为这个选择重要到能影响你的人生，所以战战兢兢地思索，小心翼翼地衡量，生怕一步选错，无可挽回。

可实际上，工作只是一份工作而已，恋爱也只是一场恋爱而已，它们虽然有重要意义，但绝不会像你以为的那样一役败北，便不能卷土重来。慎重做出对的选择固然好，但的确没有必要给一个选择赋予过重的意义，天真地以为只要做对了一个选择，人生就能从此一片坦途。

职业成就要靠积累，那些在某项任务上拔得头筹的人此前必定付出了很多不为人知的努力；美满婚姻也需要夫妻双方磨合，那些跟伴侣走到白头的人，此前也在一次次恋爱失败中调整了自己。

如果你有能力支撑得住任何一个选项，或许就算最初没有做出那么完美的选择，你也能走出一片天地；若是你本就弱小无能，即使选对了答案，也难善终。

重大的人生课题不会被一个选择定局，更不必说那些微不足道的琐事。买哪双鞋、穿哪件衣服、去哪里吃饭都不过是小事，决定人生是否能真正散发光芒的是，做出选择的那个你究竟是怎样的发光源。

纠结，是因为你害怕承担结果

还有一种选择恐惧来源于害怕承担结果。你担心失败，失败会让你察觉到自己的无能。任何因果剥去外部因素之后，都不可避免地落在自身，那些倾向于内部归因的人，更容易把失败的原因归咎到自身。

选择错误带来的失败并不可怕，承认这一点也不可怕，可怕的是因为一个错误的选择就把自己钉在耻辱柱上接受内心的拷打："要不是我自己不够好，怎么会选错？""如果我足够优秀，就不会失败"……

这哪是一个简单的选择？你简直是把它当成了自己人生的判决书。但其实，这个选择就像一本厚书的其中一页，你不翻篇，就永远停留在那里，再没机会书写今后的成功。想想有的奥斯卡奖得主也演过口碑不好的影片，但没有人会说他们不是优秀的演员，因为一次失败不足以否定整个人。把你苦苦纠结选择、担心失败的时间投注到选择后的行动之中，往往更能说明你是一个优秀的、执行力强的人。

选择恐惧症的终点不是放弃选择，而是尽快做出选择。因为只有完成它，你才会跨越这道关隘继续前进。当你知道任何选择都有利弊，当你明白真正的恐惧来自哪里，做出这个选择就没那么难了。

毕竟真正的人生不是选择完毕就可以高枕无忧，选择之后的行动才是你的征程。抬头看看天高海阔，路途遥远且漫长，眼下的选择渺小如尘埃，你还有必要这么纠结吗？

⑥ 冒充者综合征：很怕被你发现，我一直在冒充另一个人

感到孤独的时刻你会做什么？有人会找朋友聊天，有人会去热闹的人群当中，有人会看书、看电影转移注意力。无论选择什么样的方式抵抗孤独，无外乎两类倾向，一种是与他人互动，一种是从自己身上寻找安慰。

我们常常是在发现没有人可以真正交流的时刻，退而求其次拥抱孤独。 村上春树在《挪威的森林》里说过，有谁真正喜欢孤独呢？不过是不喜欢失望罢了。而这种失望，其实不仅仅是他人带给自己的，对自己的失望也会让我们想要退缩。

谁会喜欢"劣迹斑斑"的我

在我收到的诸多提问中，有这样一类人，他们很难开始恋爱，或者总是遇到无疾而终的关系，身边的好友也没几个，他们孤独，却宁愿孤独。他们总是觉得自己没有别人想象中的那样好，一旦关系更深入，他们就会暴露自己的种种缺点，结局依然是孤独，那么不如早点选择远离。

其中有一个姑娘说，尽管她听到很多表扬的声音，从现实标准来衡量，她也是个佼佼者，但她总是认为别人的评价都是过誉。她列举了自己的种种缺点，比如自我、懒惰、悲观、笨拙，她觉得自己取得的成就不值一提，在她看来，得到的都是因为侥幸，而那些被隐藏起来的有缺点的自己才是真正的自己。

这些留言让我想起一个非常要好的朋友，她是一位女性创业者，事业成功，善良正直，在恋爱方面却总是浅尝辄止。在一次喝醉后她跟我说，她不敢谈恋爱。虽然大家眼中的她漂亮大方，干练果决，有主见又有责任感，但只有她自己清楚，她并不是大家以为的那样，她从不敢以素颜面对男朋友，也不会一起过夜，理由很真实也很荒谬——她怕素颜不够好看，睡觉时会磨牙，会被男朋友嫌弃。她还告诉我一个秘密："去年公司的重大决策，很多人都觉得我有远见有智慧，但其实我纠结了很久，最终的决定是抛了一枚硬币的结果。"

无论有多少人给她正向的反馈，她都从未真正接受过，在她眼中，那个"劣迹斑斑"的自己永远比不上别人想象中的，哪怕有千万项优点和成就，都敌不过一个不足或失误。

冒充者综合征：我害怕被拆穿

心理学中有一个词汇来表示这类人，叫作"冒充者综合征"，也称作"自我能力否定倾向"，所谓的冒充并非他们故意为之，他们只是无法认可自己取得的成就，肯定自身的能力和优势，认为这些都是假象，自己不过是在欺骗他人，并且非常害怕被"拆穿"。

在这种困扰之下，他们会焦虑，会怀疑自己。为了消除这种困扰，他们会在生活和工作中付出超出常人的努力，在人际关系方面，他们的做法往往是回避，一面努力证明自己，一面拼命隐藏自己，尽管如此，他们依然会觉得自己在冒充一个成功者。

冒充者综合征跟人格面具并不相同，前者是无法内化自我中好的部分，而好的部分的确真实存在，后者是暂时表现出更好的自我，而好的部分未必是真的。所谓的"冒充"，只是一种错觉，他们的确优秀，只是从未接纳过自己。

冒充者综合征的形成跟过往经历有关，他们可能被长期忽视，取得的成绩不被重要的人肯定，比如父母对孩子的表现缺少正向的反馈。即便孩子表现很好，父母也熟视无睹，久而久之，孩子也会习惯性地否定自己，觉得自己其实就是不够好；或者他们的优点和取得的成绩并非是内心真正想要的，比如真正的兴趣所在是音乐或绘画，最终他们却"误打误撞"在商业方面表现优异。

这种"没有别人以为的那样好"的想法会一直怂恿他们去努力，却从未问问自己，这个想法是否经得起推敲？可以说，"没有别人以为的那样好"这个论断其实几乎是必然发生的，无论是否属于冒充者综合征，我们都会遭遇这种认知冲突的挑战。人与人之间的了解充满屏障，我们会发现每个人都跟我们以为的不一样，那个坚强的同学其实会在晚上躲在被子里偷偷哭，那个高冷骄傲的同事其实热衷公益，那个理性睿智的领导在感情生活中感性得一塌糊涂。同样，无论我们表现得多么无懈可击，最终都会跟别人的想象发生冲突。即便有一万个成就证明自己很好，人的复杂多面性也决定了总会有人看到我们忽视的人性角落。

做真实的自己更吸引人

当你清楚地知道一直以来驱动自己的想法，不过是每个人都会遭遇的问题时，才能真正地放过自己。你不是为了跟其他人眼中的你保持一致而活，也不必想尽办法去迎合别人的期望，这些尝试都是徒劳。他人的失望几乎是注定的，但你可以不让自己失望，那就是做真实的自己。

担心真实的自己不被他人喜欢，其实是最大的误区，在穿透层层表象后，人们最喜欢的还是真实，这种喜欢不是因为你多优秀，而是因为你是你。那些担心不被他人喜欢的时刻，其实折射的是我们还不够喜欢自己，没有从内心真正接纳自我。欧文·亚隆（Irvin Yalom）说，人要完全与另一个人发生关联，必须先跟自己发生关联，你与自我连接的方式正是你与他人连接的方式。我们隐藏真实的自己，不敢用真我示人，否定自己的优点，拒绝了更多跟他人发生联结的可能性。

喜欢自己，是一生的功课和练习。换一种眼光看待自己，你会发现，软弱无力也有可爱的一面，偶尔的懒惰懈怠也可以理解为松弛自然。**冒充一个完美的人，不如坦然地展现真实，真实才是一个人最吸引人的品格。**只有当你愿意展示真实的自己，才有可能交到真正的朋友，才会被人真正爱着。《欲望都市》里有一段我每次看都会感动的情节，米兰达面对史蒂夫的同居邀请时惊慌无措，她不再是那个别人眼中无坚不摧、无所不能的"女强人"，当她表露出"不为人知""不够好"的那一面时，她依然得到了温暖的拥抱。

你可以固执，可以有很多不够美好的缺点，但勇敢地爱自己、爱别人可以让你成为那个即便没有想象中好，却仍不想让人失去的存在。

第二章
情绪内耗

① 情绪隔离：你的悲伤，应该被看见

我发现安慰这件事变得越来越乏善可陈了，好像没有什么新的词汇再能让人眼前一亮，鸡汤多浓也经不住翻来覆去地注水熬制，那些像"你要乐观点""不要不高兴"一类空洞的话就更是泛泛而谈，甚至让人生厌了。

科技发展如此之快，至今却没有什么东西可以在处理情绪方面带来帮助。虽然电商发展势头良好，但的确没有改善心灵痛苦的商城售卖良药。

悲伤没有"止疼药"

人类多有智慧啊，可是直到此刻，处理悲伤还是要依靠人工作业。尽管你很富有，可以不受穷不受累，但心灵的煎熬是躲不掉的。假装没事的你哪怕再痛苦，还是会嘴硬打死不承认自己悲伤，想哭的时候说风太大吹红了眼，酒太辣呛出了眼泪。但背地里你还是有不切实际的幻想，渴望快速治愈悲伤。

于是你憋着一口气偷偷跑到网上问微博大 V、知乎 KOL（Key Opinion Leader，关键意见领袖）、自媒体达人，说不定他们有什么秘诀？然而，有着几百万粉丝的情感博主在网上侃侃而谈，但她真难过的时候也是回到家一个人哭。永不悲伤的方法是不存在的。

也经常有人对我抱有盲目的期待，会问出我一个字也不想回答的问题：

我最近心情很不好，怎样做才能快点开心起来？

我失恋了，多久之后我才能把他忘了？

找工作压力很大，有没有快速让自己调节心情的方法？

他们看似求生欲很强，到处寻找方法，但其实最大的诉求是快、准、狠地摆脱悲伤，他们无心跟悲伤恋战，只想快点摆脱。

悲伤就那么可怕吗？每个人都不想遇见它，遇见了又不想被它打败。我曾经认识一个很酷的姑娘，她说她太忙了，忙得没时间伤心，无论遇到什么事情，心情多么糟糕，最多需要一小时就能复原，之后该做什么做什么。她连悲伤都有一个时间安排表，好像在下一个任务开始之前，只需要一个闹钟，悲伤的情绪就能结束。很多人都希望如此吧，悲伤像生了一场病一样，最好有药，并且明确地告诉你几天后可以复原。

的确，身体上的痛苦好像都存在着一个有效期，你可以通过外力让痛苦及其根源消失。药物让人安心的地方不仅是让你减少痛苦，它还会明确地告诉你一个时间期限，比如，服药一周可见症状明显消退。我们对待心理上的痛苦，也会有这样争分夺秒的要求和预期，但悲伤和痛苦的缓解和消退从来没有精确科学的药物说明书。

我们之所以如此迫切地想消除负面情绪，不仅仅是因为不想承受痛苦，有时也因为我们不敢面对那些负面情绪。对很多人来说，负面情绪有远超于它本身的意义，是羞于启齿的错误。我们总觉得悲伤像软弱的同义词，会被人看低；痛苦会传递，会使我们不被别人喜欢；难过不能轻易暴露，以免被人当成软肋。我们想赶紧消灭负面情绪或者用理性去压制它们，就好像我们真的做错了一样，要认错、要纠正、要勉励自己、要向他人保证：以后不会了。

可是悲伤有什么错呢？它其实就像一场感冒，它会来也会走，你只需要承认它、处理它。虽然你可能还会经历下一场感冒，但上一次的经验总会反省出新的体悟，至少你不会再手忙脚乱为它的出现焦虑了。

悲伤需要被尊重和看见

如果你害怕面对悲伤，最大的可能就像我开头说的那样，你安慰不了自己，也习惯于对别人的悲伤视而不见，除了强行让自己振作，辅之以励志名言和心灵鸡汤，你根本不知道如何去回应他人。

我常想，人和人之间究竟是从什么时候开始变得冷淡疏远的呢？大概就是你坐在另一个人的对面，但你说的话他一个字都没听进去，你的情绪他也躲闪个一干二净。你多希望他能明白啊，可是在你倾诉的时候，他的感官偃旗息鼓，只有大脑在运转，盘算好解决问题的方法，然后伺机给你上一课。

成年人个顶个的厉害，谁都有满肚子的生活经，没有解决不了的问题，多得却是不肯关照你心情，不愿去你心底看一看的人。他们看不见你的悲伤，所以想当然地以为你需要的就是那些信手拈来的鼓励，如果有个俗套安慰排行榜，我想有几句话一定榜上有名——"会好起来的""没事的""你往好的方面想一想"。

你想展开谈谈你的心事，对方会强行让你合上，他们似乎不允许你表达负面的东西，因为他们承受不了，**一个自身的悲伤没**

有被看见的人，面对别人的情绪也会用同样的方式：情绪隔离、否定或转移。

上周在商场等电梯时，一个小男孩刚结束滑冰比赛，可能成绩不好，妈妈问他为什么不往前冲，他回答害怕，还没等孩子说完，家长就怒不可遏："这有什么好害怕的？你不往前冲，怎么能得第一？某某就是比你胆子大，他怎么不害怕？"孩子吓得一句话都不敢说，噘着嘴低头走进电梯。

很多人都是这个"妈妈"，感受不到别人的情绪，哪怕对方已经表达了自己害怕、难过、不开心，他们却始终像没听见一样，不肯对情绪有任何正面回应。他们会数落你为什么会有负面情绪，这种负面情绪没什么用，好像面前的人不过是个机器，只要输入指令，对方就一定能做得到。

他们不许我们悲伤，他们不让我们触碰悲伤，以为这样悲伤就可以不存在，却不知道他的逃避和视而不见，只会让悲伤更悲伤。其实，安慰没那么难的，不需要喋喋不休，只需要给别人完整表达悲伤的时间和空间，然后真诚而勇敢地去面对别人的情绪，试着了解悲伤后面的东西。

最好的安慰是允许悲伤

从感性层面理解，而不是急于从理性层面去评价和建议，这就已经在"看见"悲伤了，而悲伤只有被真正看见，才有流动的可能，这种情绪的流动才是人与人之间拉近距离的关键。你知不知道，那个在跟你说话的人，其实没那么迫切地想知道具体的建议，他只想你能看一看他的悲伤，只想在那一刻有个人可以关注他的小情绪。

堆积、封存情绪的做法只会把人固着在悲伤的位置上无法动弹，无论是对别人还是对自己，都请记得，每个人都有悲伤的权利，它不应该被禁止，不应该被限制在有效期内，只有你开放地对待悲伤，它才能被治愈。

前段时间看《经常请吃饭的漂亮姐姐》，男主对女主说，"以后不会再让你藏起来了，我保证。"面对悲伤也是如此吧，别因它习惯性地被忽视而再一次隐藏它。希望以后我们都有一个专属的悲伤时刻，别藏了，让它见一见光。

❷ 表达无能：除了生气，你怎么什么都不会？

有个周末晚上我在小区遛弯儿，走第一圈儿就遇到一对情侣在路边吵架。男人几乎是在咆哮着问女人："你就这么一走了之，你在乎我吗？"一声比一声愤怒。我经过的时候女人在哭。当时的我已经不由自主地在推理，一定是女人要分手，男人在控诉。走到第二圈，局势发生了反转。男人在哭泣，女人在安慰："最多半年我就回来了，工作的事也不是我能左右的，我也不想走……"

在好奇心的驱使之下，我假装使用健身器材，潜伏在他们附近，大概摸清了事情的来龙去脉——女人工作调动要去外地半年，男人不满，借着酒劲儿发脾气，先是指责她做错了，气氛剑拔弩张，好在最后表露真情，说他不舍得她。最后，我看着两个人和好如初，手拉着手往家走，既欣慰，又不禁唏嘘，这是何必？如果一开始男人能好好地表达"我舍不得你，我难过"，女人大概率也会回应"我也不想跟你分开"。这不就是一则温馨的恋爱插曲，是爱情回忆里美妙的一笔，多好啊。为什么非要吵架呢？故事也不是没有另一种可能性啊，愤怒之下，两个人一拍两散，就地分手。想到这，我都为他们捏把汗。

待到遛弯儿第三圈，我想起了一件自己经历过的事。一次跟朋友约好下午看电影，已经提前沟通过时间，因为他晚上有事，所以约定看完电影各忙各的，没想到他计划有变，晚上空出来了，而我晚上有其他要紧事，不能陪他。看完电影，我想多跟他聊几句，决定即使不顺路也要送他回家，即便如此，他下车的时候还是重重地摔了车门，跟我发了脾气。

我当时整个人是蒙的，问他我做错了什么吗？他说没有。虽然没有吵架，但空气里都是火药味。当晚我们把话聊开了，他因为晚上没能一起吃饭不开心，没能争取到时间多待会儿很遗憾。他的本意其实跟邻居男人很像，难过、不舍，动机也基本一致，想让对方知道自己心情低落，得到安抚。可表达的时候，一切都变了，内心所有的复杂心情都只有"愤怒"这一种表现形式，言语传达的意思都是"对方犯了错，对方有问题"。

愤怒只会召唤出愤怒

很多人都有过类似的经历，明明自己没做错什么，却承受了别人莫名其妙的怒火。有时发脾气的人也是我们自己，藏了一肚子委屈，一张嘴却满满的都是怒气，都是不满，好像除了愤怒，我们什么都不会。

为什么会这样呢？我们为什么只会发脾气，却不会如实表达内心的想法？ 不得不说，我以前也容易愤怒，再加上表达能力不错，结果一般都是对方认错讨饶，我"赢"了，得到了"道德胜利感"，但事后冷静下来我发现，我还是输了。我想要的根本不是赢得吵架，也不是要对方认错，我只是想表达"我在乎、我脆弱、我需要你看到我"。但因为这些真实的底层情绪太过柔软，我们会本能地觉得它没有力量，所以不自觉地想使用"武器"，这种武器就是愤怒。

一个人愤怒的时候，声量会提高，语气会加重，说话时上纲上线，这一切都给我们造成一种错觉——这样的表达才会引起对方的关注。我们用愤怒、发脾气来强调自己正义、正确，我们觉得用震慑的方式才安全有效。与之相反的是，表达委屈是暴露自己的脆弱，让我们觉得自己处于弱势地位，只能任人宰割。但这些"自以为"让我们付出了代价，发脾气的时候我们的确能暂时引起对方的关注，瞬间把自己抬上了道德制高点，可之后呢？

回想我们自己面对他人发脾气的第一反应是什么呢？我们被激起了愤怒的情绪，我们听不进去对方说什么，甚至无论对方说了什么，我们都只会觉得没道理、他说得不对，最后变成了一场"对与错""是与非"的争论，两败俱伤。**愤怒只会召唤出愤怒。**

表达要柔软，对方才心软

如果你想要得到正向的情绪反馈，你需要用温柔的关怀推动对方做出你希望的改变，而愤怒往往是一种无效的情绪工具，并且还具有破坏力。因为一旦你用愤怒贯穿你的表达，对方在被愤怒攻击时，就更没有认知空间去识别你的愤怒背后还有脆弱等惹人怜爱的情绪了。能让沟通和表达的效用最大化的是情绪，如果你能唤起对方"正确的、恰当的"情绪，基本上就能达成目的，这就是我们说的"共情"。

"共情"这个专业词汇讲了太多次了，我有时也觉得这个词过于学术，显得很难操作。共情的目的其实就是让对方心软，温柔的表达才更有力量，才能使对方的行动更体贴。

在我前面讲的邻居的故事中，愤怒的当事人最终想听到的话、想得到的结果可以简单概括为让对方心软、留在北京工作、不离开他。就算对方不得不暂时离开，也想让她知道自己的心情，付出更多去体贴和补偿他。大吼大叫会让对方心软、愧疚吗？ 把"你一走了之，在乎过我吗？"替换成"我不想让你走，我在乎你"；把"你不应该不考虑我"替换成"我希望你能多陪陪我"； 把"你别去外地工作"替换成"如果你去外地，我多去看你，你多给我打电话，好吗？" 即便你没尝试过第二种表达方式，光是代入情境也能体会到，第一种表达只会让对方的心变得更硬，对他的态度更加反感，而第二种表达方式才会触动心底的柔软，让对方觉得"他在乎我，我应该对他更好一点"。

"不要做老虎，要做被雨淋湿的狗"

小时候，我觉得那些发脾气的大人好厉害，无论是老师还是家长，可能一个瞪眼、一句狠话，我就在他们面前噤声，乖顺听话了。长大后，我们很容易效仿这种"很厉害"的做法，以为表达愤怒就是展示力量，可是我们面对的那个人不是小孩子，对方也会发脾气，你用愤怒并不能震慑住对方。而回想小时候，我们又有多少时候是因为大人发脾气才乖顺了呢，无非是更小心谨慎地调皮，用更不容易被发现的方式不守规矩，同时还"恨"着那些只会发脾气的大人。**愤怒不是力量，也不是权力的象征，爆发式的情绪发泄对解决问题毫无用处，但渗透性的脆弱、难过、伤心都是有效的软化剂，它们才是真正的力量。**

《四重奏》里有一句经典台词说，诱惑一个人有三种方式——变成猫、变成虎、变成被雨淋湿的狗。在我的理解里，猫若即若离，欲擒故纵，适用于相识早期；老虎霸道勇敢，是权力的象征，适用于磨合阶段建立原则和边界；而被雨淋湿的狗看似最可怜、力量最弱，实则最让人欲罢不能，适用于推进关系阶段稳固感情。你当然可以变成愤怒咆哮的老虎，但如果次数多了，咬伤别人也咬伤自己，那可就是真的"虎"了。

③ 情绪失控：情绪像一颗不定时炸弹，总会先伤害自己

港剧有句经典的台词："做人呐，最重要的就是开心了。"为什么开心最重要？因为好心情是很值钱的，它虽然不能折现，但心情不好是很费钱的。

容易失控的成年人

跨年那天朋友告诉我，她因心情低落一时冲动买了件几千块钱的大衣，现在后悔莫及。我立刻转发给她一个视频，圣诞节的时候，有个姑娘心情不好，砸了商场的护肤品专柜，最后警察给的处理结果是赔偿三万七千块。你看，开心一点，情绪稳定，就相当于赚了一笔钱，而情绪失控不但让你赔了钱，还损失了颜面。

视频里的姑娘，穿着体面，干净整洁，但是她拿起专柜的试用口红乱涂，怒摔专柜的 iPad，不理睬上前劝解的工作人员。本来以为闹剧会就此收场，没想到局面愈演愈烈，她哭喊着打翻了专柜上的瓶瓶罐罐，被工作人员制服后竟然想要割腕。

旁观者把她当个笑话，那与她亲近的人看到这一幕，又会如何看待她？赔钱事小，丢了自己的体面和尊严事大。而且如果她真割腕了，丢掉性命可是永远不能挽回的。

视频放到网上后，有人可怜她，觉得她一定受了天大的委屈，要么是柜姐怠慢，要么是生活受挫，才发泄情绪，可以理解；也有人觉得无所谓，自己能承担责任就好。我很不喜欢这种不设底线的包容心态，多不堪都能忍，多无理都会包容，这背后透露的是模糊的界限，是无原则的退让，这是对真正善良的人最大的不公平。

情绪失控的后果是不可控的。面对情绪失控的人，我们的态度不该是可怜，而是拉响警钟，提醒自己保持情绪稳定，减少冲动，离情绪易失控的人远一点。但保持情绪稳定也不是说到就能做到，我自己也有体会。我绝对算不上一个脾气太差的人，开车的时候也会偶尔"路怒症"发作，仿佛恶魔附体，情绪冲动的时候能把自己吓一跳。为什么我们有时会变得容易失控？往往是因为我们太想控制一切，在内心深处有一种不合理的信念——我是可以控制一切的。开车时方向盘在自己的手里，就更强化了"我说了算，其他人都该被我操控"的想法。

情绪失控是因为你太"自恋"

武志红老师认为"以为自己可以控制一切"的想法在心理学上被称作"全能自恋"，认为世界就该以自己的意志和需求为中心，在他们眼里，外物和他人都应该被自己控制，服从自己的意志。**全能自恋的人无法接受自己的需求不被满足，行为不被回应。**

视频中姑娘砸柜台的事件有个小细节，一开始她还表现得比较冷静，也没有情绪失控、砸东西。后来周围的人都躲得很远要报警，我觉得这才是她最后彻底失控的原因。因为即便她开始砸东西，也没有人立刻制止和劝阻她，而是选择了回避，这让她感觉自己的怒气没有作用，她没有成功操控别人，所以她更歇斯底里，砸得更凶，似乎在证明"我是可以控制所有人的"。

听起来很病态、很不可理喻是吗？但想想自己的现实生活，一定也有过这样的时刻，送餐员迟到时你愤怒，飞机延误时你烦躁，朋友跟你的意见不一致时你不爽，这些愤怒、烦躁和不爽中有一部分是合理的，但如果过度，产生了不理智的冲动行为，就是全能自恋的体现。

因为在你的思维方式里，送餐和飞机起飞必须要按照你期望的时间进行，而朋友也应该按照你理解的方式去思考问题，当不符合你期望的事情发生时，真正引起你激烈情绪的并不是他人和事情本身，而是深植于心的这份自恋和想控制一切的不合理信念。

可是，越控制越失控，当你以为自己可以掌控全部的时候，就是对世界缴械投降了，因为总会有意外让你失望。**做事不留余地和没有弹性的人其实是把自控的权利交给了外界。**你的情绪完全取决于他人，送餐晚了、飞机延误、朋友意见不合都能让你感到深深的挫败，你全部的能量都用在了自恋上。

允许自己有限，降低自我期望

解决自恋要从深刻地认识到自己的有限性、他人的多样性、世界的无常性开始，这并非一朝一夕能做到的，但至少你要把这件事记在心里——我们能决定的事情有限，但至少我们可以控制自己。

关于控制自己，其实也有方法，那就是"允许事情更坏一点"。知道自己有"路怒症"倾向之后，我反思过自己，我过于期望一路畅通了，不接受任何车辆插队。后来我重新给自己设定了期望标准：从一路畅通到半路拥堵，从没有车辆插队到允许十辆车插队，然后我发现各种状况都容纳在可预期的范围之内，一路上心情都还不错，如果没有遇到拥堵和车辆插队，会更开心，而以前我把一路坦途当作理所应当的事。

降低自己的期望值，就要把不合理目标变成允许事情更坏一点的合理目标，这样你更容易感到快乐，也会更容易接受生活本就无常的规律。

允许事情更坏一点，并不是一种松懈和妥协，而是赋予自我一种弹性，毕竟即便你把目标定得完美，坏事也不会减少发生。

④ 容貌焦虑：镜子里的你，永远不完美

在健身房有个姑娘跟我搭讪："你健身后瘦了多少？"这个问题真让我汗颜，我在健身这件事上三天打鱼，两天晒网的，十个月的时间里我反倒胖了几斤。

我如实相告，她却说："我要是你就不来健身了，已经这么瘦了，真让人羡慕。不像我，太胖了，不得不健身。"类似的话我听过不少，有的人明明都很瘦，还嫌自己胖。但是姑娘拉着我真诚地倾诉了半天，她就是觉得自己胖，想变得更瘦，不达目标誓不罢休。

她身边有个姐妹比她还瘦，只有90斤，却也一样嫌弃自己胖，除了上班，每天最关注的事就是减肥，哪怕只胖了一点，心情也会沉到谷底，什么事都不想做。我看着她身高大概165厘米，体重绝对不到100斤，很真诚地告诉她，她一点也不胖，而且健康就好，没必要变得骨瘦如柴。我知道说这话可能没什么用，她是很多人的缩影：对自己的身材、容貌充满着莫须有的焦虑。

形体焦虑症候群

我们的确反感天天嚷嚷着减肥的瘦子，也会对嫌自己丑的美女嗤之以鼻。在我们看来，她们明明没必要如此挑剔和看低自己，但实际上的确有这样一群人，过度在意自己的外表，总是认为自己不够美不够瘦，这成了她们最困扰的事。她们可以被归类为"形体焦虑症候群"，对外表有超出常人的敏感，更奇妙的是，她们往往并不是真胖，也不是真丑，她们只是自认为胖和丑。

这样笼统的描述可能让很多人都有中枪的感觉，实际上，形体焦虑症候群跟一般的焦虑最大的区别在于"过度"二字。他们会因为别人随口说自己胖了一点而拼命节食，会反复称体重确认自己是否发胖，会因为不喜欢自己的单眼皮而频繁地去关注别人的双眼皮。

这些行为是在主动改善自认为不够完美的地方，还有些行为是为了逃避面对这些不完美：有的人甚至不敢照镜子，有的人会无所不用其极地掩饰自认为的缺点，还有人会因为嫌弃自己的外表而不愿外出社交。

形体焦虑背后的心理动机

真正从中作梗的其实不是外表本身，而是他们极度低下的自我认知和由此产生的负面情绪。形体焦虑者会为此感到羞耻，认为自己没有完美的外表是种错误，他们也会陷入抑郁情绪，这种情绪会弥散到生活的各个方面，最后，他们可能会厌恶自己，拒绝面对现实。

大多数人都存在形体焦虑，但这种焦虑不会持续太久，大多是人的应激反应，可能一小段时间之后就自行消散了，人也会将注意力转移到其他事情上。但是对于真正有形体焦虑的人来说，这种困扰挥之不去，即便他们达到了阶段性的改善目标，也不会满足，很有可能用一个更严苛的标准来衡量自己，进而进入新一轮的心情低落。

不得不说，时下流行的理念给了我们很多负面的影响，那些看似积极的口号，背后都藏着一种偏低的自我评价和更高的要求。人们时刻强调外表的重要性。还会有人告诉你，面试时、恋爱时、社交时、谈生意时，外表决定了一切，这种让人窒息的说法会给我们带来无形的压力。外表的确重要，但它并不足以概括一个人的全部。

后来，这种对外表的要求甚至跟个人品质挂钩，有人说，一个连自己体重都控制不了的人还谈什么自律呢？还有人说，一个外表好看的人也一定会在其他方面严格要求自己，这是上进的表现。我不否认这些话其中的正确性，但把这些话当成全部的道理，它就成了谬论，误导了很多人。努力变得更漂亮是好事，但把这个目标看得太重反而成了一种桎梏，它在告诉你"不瘦、不美的人一无是处"。扪心自问，谁没受到过这种想法的影响呢？

想要缓解自己的焦虑，就要理性地去对待这些理念和口号，要比照自身情况而不是追求绝对的教条。我觉得相比那些过度追求美和瘦的人，理性善待自己的人更可贵。

你的焦虑只来源于外在吗？你不满意的只是你的外表吗？很多有形体焦虑的人真正焦虑的并不是外表，外表不过是个"替罪羊"，他们把外表不够完美当作借口来回避真正的问题。我常听人说，因为自己太胖，所以没有人喜欢；因为自己不够漂亮，才没能应聘成功。我还知道有人明明身上有太多需要改进的地方，却偏偏把时间和精力孤注一掷地放在整容和减肥上。在这种转移视线的背后，是软弱和短视，他们躲在痛苦里，逃避的是更多复杂的真相。所以，他们才会不断苛刻地要求自己，达不成那个完美的目标才会一直只盯着外表这件事，而顺理成章地忽略内在的千疮百孔。这是拒绝成长的表现，方法就是用一种焦虑替代其他焦虑。

他们的想法也非常单线条，把所有问题都归结到外表，让外表去承担自己失败的全部责任，自己反而会显得更加轻松，毕竟外在是父母给的，这种对外表的无奈似乎能博得更多同情，可以减轻自己的负罪感。

接纳身体，亦是接纳人生

如果改善外表这件事不能给你带来正面的体验，反而让你感受到压力和负能量，那么不如重新分配时间，去关注你生活当中到底出现了哪些问题，才会让你把一切都归咎于外表。

客观地自我审视远比无脑地看低自己更有助于解决问题，有时候当你在其他方面有所进步时，这种喜悦和自信还会迁移到对外表的认知，即便你什么都不做，也会觉得自己比从前更漂亮。还有一点更为重要，学会正确看待和使用你的身体。尽管我们都上过生理卫生课，早就对自己和异性的身体有所了解，但是很少有人真正明白身体的奥义。

身体的美需要欣赏，它没有固定的标准，我们要先学会自我欣赏，再馈赠他人。你本身就很美好，不去认真感受才是错误的。身体还拥有触觉和痛觉，它承载着我们的悲欢离合，它能让你远行、感知这个世界。

不要为了达到别人口中美的标准而让渡身体的其他权利，健康舒适才是身体本该有的样子。从你开始过分焦虑的那一刻起，你已经是舍本逐末，没有做到自我欣赏，自我接纳。**虽然有人说，连自己的身材都掌握不了还怎么掌握人生？但我想真正的答案是，连自己的外表都不能接纳，还怎么去接纳人生呢？**

⑤ 假性焦虑：你已经被"焦虑"害惨了

每到年底，总忍不住频频回顾，今年过得怎么样？年初的梦想实现了吗？回顾的结果就是焦虑感更加重了。每个人都有自己的忧愁，似乎无法挣脱，但焦虑真就那么可怕吗？还是我们习惯性地把焦虑当作敌人，过于警惕而限制了改变的能力？

分享下我的解决焦虑之道，希望能对每个处于焦虑中的朋友有所帮助。

辨别：焦虑的源头

首先，要澄清一个事实，有些焦虑其实并不是由内而外地产生的，而是来自外界的压力。有些人在你苦苦奋斗的时候就已经实现了财务自由。再比如，我们经常看到一些带有精神绑架意味的说辞——"拥有一部好车，才是成功男人的标志"，言外之意，买不起好车，你就配不上"成功"二字；或者有人告诉你要做一个情商高、会沟通的妻子，再要求你"学会这一百招，你就是个一百分妈妈"。

这让我们陷入一种弥散性的焦虑，我们似乎离别人眼中的成功男性、好妻子、优秀妈妈还有十万八千里的距离，而且无论怎么追都无法赶超世俗标准变化的速度。外界的定义和鼓吹成了一种压迫和催化，它们的存在是为了服务于资本逐利、男权社会的秩序，甚至包括我们身边自私的人所谓的福祉。

我们自己想成为什么样的人，想过什么样的生活难道不是应该由我们自己去决定吗？所以，你的大部分焦虑其实并不属于你，我们要把它还回去。怎么把焦虑还回去？我们可以从认知和行为这两个层面入手。

探索：焦虑背后的真实需求

你需要在认知上分析和判断你的焦虑是否为假性焦虑。

其实在开篇澄清焦虑的来源时，就能发现我们感受到的焦虑很多都是"假性焦虑"。什么是假性焦虑？焦虑这件事由压力引起，又与需求相连，其中有些焦虑并不反映我们的真实需求。比如，很多女性承受着催婚的压力，为此焦虑烦躁，但找一个伴侣的需求是你发自内心想要的吗？还是父母、朋友和社会强加给你的？也许你现在最关心的事情明明是如何在工作上迈入一个新台阶，这才是你当下的真实需求。

只有识别真实需求，才能减少假性焦虑，所以我们要做的第一件事就是重新为无序的焦虑排序，识别重点和优先级，明确你真正的需求是什么，现在的你要成为什么样的人？你要做哪些事？

去觉知和分析焦虑的时候，希望大家问自己一个问题，这个问题很重要：**你的焦虑有多少来源于他人的要求和标准？**一味迎合别人的需求，并不会消除和降低焦虑，它反而会衍生新的焦虑。当你为了满足父母的需求结婚生子，看似缓和了焦虑，却带来了新的内心冲突，即"取悦别人，委屈自己"。

将认知"正常化"：其实有很多人都问过怎样对抗焦虑，乍一看觉得没毛病，但仔细琢磨，"对抗"这个词很有趣，它反映了大家对待焦虑的基本态度——对抗。当我们谈论对抗的时候，我们是怎么看待焦虑的呢？我们把它当成一种病症、一个敌人。焦虑有这么可怕吗？它是大多数人都会面临的一种暂时的负面情绪状态而已。可惜，大多数人都把焦虑当成洪水猛兽，持着两种常见的不合理认知，一种是它不应该存在，目标是要消除它；另一种是焦虑只会带来负面的影响。

跟焦虑本身相比，这两种对焦虑的不合理认知——夸大化和严重化焦虑才更可怕。我们可以把"对抗焦虑"换成另一个词——"正常化焦虑"，简单地说就是不要把焦虑妖魔化。对焦虑要持更宽容的态度，允许自己适度焦虑，就像允许自己偶尔感冒发烧、磕碰后会有淤青一样。如果你不断地强化对抗，就相当于把自己全部的精力都用来对抗焦虑，还没等焦虑对你做什么，你就已经对自己造成了内耗。同时，要看到焦虑也有积极的一面，发现它的价值。虽然焦虑让你暂时感到不快，但也正是焦虑让你更能看清楚自己的目标和需求、长处和不足。

这些暂时的焦虑情绪是一种信号，本质上都是在传达一件事：你需要改变，需要调整，而改变和调整正是让我们变得更好的契机。我认为**面对焦虑最好的状态是与焦虑为伴，认识到它可以为你所用，把它变成一种动力，去激发自己的潜力。**

行为：用行动为自己打出王牌

你也需要在行动层面做出改变。

一般来说，焦虑来源于现实和目标的差距，而你又对这种差距感到不确定和担心。所以，如果仅仅在认知层面思量是减小不了这种差距的，你对焦虑束手无策是因为不知道怎么行动，进而没有行动。

"将军知道"栏目经常会收到读者提问，前段时间我收到了一条消息。一个女孩刚刚升职，明明是件好事，但她很焦虑，作为新上任的总经理助理，她觉得自己能力一般，不够专业，觉得自己干什么都不行，领导对她也不满意，不知道怎么解决。

这段描述中有很多评价性的语言，判定了自己的能力、专业度不够，她发愁，她焦虑，她想缩小现实和理想的差距，但是这种概括性的总结是毫无帮助的。

只有把问题具体化，把目标量化，把方法可视化，焦虑才能缓解。以这个女孩的提问为例，想解决焦虑，第一步要做的就是拆解目标，确定量化标准，假如你想提升能力，就要考虑有哪些能力需要提升，在一小时内处理完一个工作表格内的数据，这是一个量化目标，但"让领导满意"并不是一个具体的目标；第二步是设定实现每个小目标的方法，处理数据用什么样的方法？你怎样才能学到这种方法？没有方法就永远无法开展行动；第三步是制订具体的行动计划，从一天到一周、一月、半年甚至一年，在这个时间段内你有什么具体要做的事情，按照确定的目标和方法确定更详细的步骤；第四步是开始行动并在目标完成后反馈计划完成得如何。当然，你也可以建立适当的奖励和惩罚机制，让降低焦虑的行动更有动力。

前几天，我看到朋友发了一条朋友圈，她说，决定减肥之前，她开心地吃，决定减肥后，她忧心忡忡地吃。她喊着减肥的口号，却在行动上没有任何改变，结果必然是越来越焦虑。**焦虑最大的对手是行动，不行动就永远无法缓解焦虑。**其实，在这个时代，每个人都体验过焦虑。如果你被焦虑深深困扰，那可能从开始你的心态就是错的。焦虑不一定是敌人，也可以是伙伴和武器。有人因焦虑而烦躁，无法专注做事，并陷入恶性循环；有人因焦虑而更有动力提升自己，持续行动，变得越来越好。拿到的都是同一副牌，看你怎么打了。我也想给大家提前打个预防针，并不是我们减轻了当下的焦虑，就能避免未来的焦虑。焦虑不会完全消失，我们可能会一次次遇见它，但在处理焦虑的过程中，你也一次比一次变得更强大。学会与焦虑共处，焦虑才能滋养成长。希望我们能把焦虑变成一张王牌。

第三章 关系痴缠

1 爱错成瘾：总是爱错人，也许你是故意的

我身边有那么一类姑娘，聪慧、美好、识大体，但仅限于单身的时候。一旦谈了恋爱，就变成了一个截然不同的人，不管不顾、歇斯底里、笨得一塌糊涂。为爱痴狂也算是种美德，但依我拙见，这仅限于爱对了人。

所谓爱对人，不是一定要找到那个最好的，而是一定要找到那个最适合自己的；所谓爱错人，并非那个人顽劣不堪，只是他的好不是你想要的。我们最常听到的分手原因就是"我们不合适"，而当你问起来究竟是哪里不合适，又不见得能够说得明白。如果能在开始一段恋爱之前就弄清楚这个问题，或许你们本不会在恋爱后经受不必要的折磨，在生活细节中滋生矛盾，直到最后或愤恨或遗憾地说上一句："是我们不合适。"

　　如果你最看重的是自我价值的实现，梦想是事业成功，渴望举案齐眉的伴侣，那么追求小富即安、悠闲安逸的恋人就不适合你，你应该找一个发奋图强、有理想并愿意为之奋斗的人；如果你看重安稳和踏实，渴望有人跟你一起经营平淡而温馨的婚姻生活，那么喜欢刺激和冒险的恋人就不适合你，你应该找一个跟你一样愿意在平淡中享受人生的伴侣；如果你最看重的是精神上的沟通和交流，那么醉心于物质享乐、并不在意精神生活的人就不适合你，你应该找一个能跟你一起秉烛夜谈且能相互理解的人。

清晰的自我认知是选对人的前提

　　你适合什么样的伴侣取决于你的价值观和恋爱观，而价值观和恋爱观又源于你对自己的认知，一个根本不了解自己的人无法真正明白自己想要什么样的爱情，也无法找到那个适合自己的人。

　　我们在一生中要完成很多人生任务，就像超级马里奥一样，吃可以变强大的蘑菇、顺利击退敌人、跨越沟壑和河流才能顺利通过一个个关隘，我们也要完成建立信任、探索世界、获取知识等人生任务，完成它们会使我们形成更加成熟、稳定、社会化的自我，如果卡在了某个任务上，我们就很难进入人生的下一阶段。

提升自我认知便是人生任务中最重要的一个，它贯穿我们的一生，是一件永无止境的事。但成熟的个体应该在特定的人生阶段达到相对稳定的自我认知，即逐渐意识到自己是一个什么样的人、自己要做什么、自己的价值观是什么、自己在这个社会上的角色和定位，等等。只有解决好这些问题，你才算完成自我认知这个人生任务，否则将会面临角色混乱、自我认知混乱的心理危机。因为自我认知是我们洞悉世界的眼睛，如果自我认知是蒙尘的、不清晰的、动荡的，那我们对这个世界的看法也会有失偏颇，我们甚至在自己的人生路上走偏。

　　建立亲密关系是在建立正确的自我认知之后的下一个人生任务。很难想象一个对自己没有清晰认知的人，能对他人和人际关系有清醒、理性的判断。

　　就像我开头提到的姑娘，自始至终，她仍然觉得情路刚刚启程。她对爱情的认知是有情饮水饱、唯爱至上，随时可以远走高飞，对方也必须才华横溢、桀骜不驯才能入她的眼。

　　在关于爱情的电视剧里，剧情总是被安排成女主和名声不大的小众画家或落魄的摇滚青年远居郊区平房，自己变身保姆不离不弃。男朋友的沉默寡言会被她解读成爱得深沉，易怒、脾气差被她解读成郁郁不得志，就连偶尔对她的责骂、殴打也可以被原谅，认为那是艺术家的个性使然。

　　当再次要自掏腰包垫付房租的时候，她已捉襟见肘，终于扛不住压力，准备一拍两散。散伙饭好不容易见了荤腥，心情却不复原来，那种坚定早就被对方忽冷忽热的态度和现实的压力彻底磨灭了。她终于意识到了自己并不能为了爱情抛弃所有，对方也不是她唯一的爱情归宿，就连他们的关系也不过是男人对她的依赖，那也许根本不能被称为爱情。

如果她一早意识到自己并非爱情小说的女主角，爱情也要经历柴米油盐酱醋茶的考验，她就不会去追逐一个不适合自己的人，白白把自己的时间浪费在一段错误的恋情当中。在自我认知不够清晰的这些岁月里，她没有搞懂自己适合什么样的伴侣。

所以，你如果想要一段美满的恋情，先问问自己，你看重的是什么？你的能力和胸怀能接得住什么样的感情？你希望别人用什么样的方式对待你？你渴望的恋爱应该是怎样的状态？不先搞清楚这些问题，你在爱情中使出再大的力气也只会伤害自己。

爱情也需要量力而行

当然，还有一部分人明明已经能够清楚地解答以上问题，但偏偏不去寻找适合自己的恋爱对象，他们飞蛾扑火般地投入不合适的恋爱，明知不可为而为之，明知没结果却还要一意孤行撞得头破血流。这看似自相矛盾，不可理喻，但生活中的确有这样的人存在。我在一次咨询中找到了那些"明知道"和"偏偏不"之间的秘密。

阿明是我的一个来访者，二十七八岁的大男孩，他上进勤奋、性格温和、开朗、幽默、大度。一个看上去无可挑剔的男孩，却总是被女朋友挑剔，连续失恋三次。他苦恼不已，来咨询室找我，想知道自己到底哪里出了问题。

其实他很清楚自己适合跟自己能力相当的姑娘在一起，但每次都被那些十分优秀的女孩吸引，所以每次恋爱中他都没有安全感，担心自己无法把女朋友留在身边，反倒做得越多错得越多。他欣赏对方身上的过人之处，那或许是适合她的姑娘所不具备的特质，就像明明知道自己不适合极限运动，却偏偏要斗胆试一试，最后造成自己的极度不适。

这种矛盾就在于现实与期望之间的龃龉，人们往往会渴望那些力不能及的东西，因为那代表着梦想，令人心驰神往。如果把不切实际的幻想强加到真实的生活上，你才发现自己驾驭不了，也消受不起。说到底，你虽然想努力维持那个梦，但实际上，你还配不上。

放弃适合自己的恋爱去追逐不切实际的爱情幻想，就是爱错人的又一个表现。你当然可以闭上眼做任何美梦，但睁开眼也别忘记为自己的真实人生努力。就像我们曾经都经历过的那样，**在幻想里我们无所不能，可那仅仅是一种向往而已，你不会因为这些当下不适合自己的桥段和剧情而放弃谱写自己的人生剧本。**

梦中情人再美好亦是虚幻，眼前人虽然平凡却是真实的存在。与其对真实的人生充耳不闻，不如妥善安放好你的美好期望，聚焦当下，好好修炼自己，待到有一天你变得更强大，能把"配不上"转变成"配得上"，把"不合适"转变成"正合适"，再去追求曾经的梦想也不迟。

不论是没有弄清楚自己适合什么样的人，还是明知不适合还要苦苦追寻，其实都是爱情中的常见错误，或许它不可避免，但绝对不值得一错再错。在追爱的路上，每个人都要甩掉偏见、修正错误，同时也调整自己，但你一定要明白，这么做不是为了找到最好的人，因为真正的爱情里没有完美的人，真正的"最好的人"不过是那个最适合你的人而已。

② 被动即防御：在爱情中被动，是你保护自己的方式

张雨绮曾经在一档综艺节目里谈起了对两性关系的看法，她认为，在现实生活中，女生想要在两性关系中获得幸福，还是被动一些比较好，但这也不代表什么都不做，女生可以示好，可以提升自己的魅力。

为什么女生不能主动？张雨绮说："就是应该男生追女生，父母小心翼翼地把你养大，如花似玉，谁希望你去特别主动地追一个男生。"

这段话背后其实反映了一种根深蒂固的观念，大多数人默认

更"合理"的方式是男追女，而女生主动则不太符合社会对性别角色的期望。也有人从两性差异的角度进行分析：男性更需要满足自己的征服欲，男追女更有利于双方关系的稳定，也就是张雨绮所说的："被动的女生更容易在两性关系中获得幸福。"

另一档综艺节目中的程丽莎恰好相反，她在跟郭晓冬的爱情故事中明显是一个进攻型选手，从表白、恋爱到结婚，都是程丽莎主动，你能说她不幸福吗？虽然应采儿多次逗程丽莎，说她爱得更多，但程丽莎大方承认，他们爱情的基调都是确认和满足感，这就是她想要的幸福的模样。

不敢主动，是害怕丧失权力

在两性关系中，女方到底应该主动还是被动？其实根本没有标准答案，有人被动能得到爱情，有人主动也能争取到幸福，即便样本量足够大，我想结果对比起来也会难分伯仲，因为**主动与否从来不是两性关系唯一的决定性因素。**

但为什么还有很多人坚持女生不能主动的观点？很多时候是因为只看到了问题的表面，"女性主动就不会被男性珍惜，关系不容易长久"的说法其实落脚点不在于"主动"二字，它讲的是双方在关系中的权力问题。

人们都会习以为常地认为主动的一方没有"议价权"，也是在把自己置于弱势的一方，并且没有转圜的余地，角色更偏向满足对方需求的那一个；而被追求的一方会有更大的权力提出需求并被满足，是更强势的角色。

这种说法符合社会心理学当中的"最小兴趣原则"，在人际交往中，那个对另一方更有兴趣、对关系依赖性更大的人，的确往往要服从另一方，这样关系才能继续。简单地说，的确是谁先主动，谁就更弱，就没有主导权。

谁的资源多，谁有主导权

但"最小兴趣原则"只是影响关系的一个因素而已。实际上，除了情感因素，任何关系想要保持平衡，都要考察双方所拥有的资源。无论男女，只要在拥有的资源上占有更大的优势，那无论是否主动，都不会影响他在关系中的主导权。在两性关系中，有很多维度可以衡量资源，比如外表、学历、工作成就、人格魅力，这就是社会心理学中的"相对资源理论"。**哪一方具有更多的资源，他就更有可能在关系中占据主导地位，是拥有资源更多的这一方决定关系能否建立和维系。**

你在爱情之外拥有多少，决定了你能拥有多少爱情。这句话其实很有道理，当你拥有了更多资源，你可以选择不主动，因为你有更多"被动接受"的机会；而手里掌握更少资源的人，主动更像变相为自己争取资源的一种手段，因为主动时往往带着诚意，这也算是可衡量的资源之一。

是否主动并不是影响关系的决定性因素。举个例子，一个在各方面条件都很优秀的女性，即便主动，也不容易被男性忽视或不珍惜，主动反而促成关系迅速发展，如果男生的资源在女生心里并不构成优势，那他即便千方百计地献殷勤，也未必能建立一段健康的恋爱关系。有那么多主动追求女生的男生，也不是所有人都能得到圆满的结果。

卸下防御，跳出形式的束缚

很多人之所以这么在乎是否主动，本质上并不是看重这段关系，而是更看重"自我"，他们的行动目标不是"得到"，而是"不要失去"，在他们的认知体系当中，主动意味着先付出、放下自尊，这已经是一种"失去"了。不主动也许不只是一种关系策略，更多的是内心的防御系统在起作用，怕不仅没得到爱情，还丢了面子。他们的内心斗争无关主动或被动，而是过剩的自尊和对情感的渴望在相互较量。采取被动姿态就能维系自尊吗？并不能。我倒是建议只要喜欢，无论男女都可以主动一点，这跟很多人提倡的"女性不宜主动"并不冲突，现在大家对两性关系的态度早就不再囿于传统认知，男女都有主动争取的权利，而所谓"主动"的含义也在发生变化。

像张雨绮在节目里所说的被动，也并不是只能被动，只是不建议女生直接告白。她还建议女生要提升自己的魅力，这实际上是另一种形式的主动。毕竟幸福要靠自己去争取，主动多一点，错过就能少一点。

3 寄居蟹人格：一言不合就拉黑，你可能是"寄居蟹人格"

我有个关系要好的男性朋友沉寂 3 年后终于谈了一场恋爱，"520"后，我问他怎么过的，他说他在餐厅门口傻等女朋友，等到餐厅打烊，女朋友也没来，他一个人灰溜溜地回家了。

这听起来像是发生在没有即时通信工具的年代，既然说好了不见不散，你不来，我就一直等。

事实上，手机就在手里，但女朋友把他的微信和电话都拉黑了，他就像被关进了小黑屋，联系不上女朋友，只能傻等被"解禁"。后来才知道，他被拉黑不是第一次了，他们交往 1 个多月，一言不合就拉黑的次数不少于 10 次，平均 3~4 天一次，这谁受得住啊！

我问朋友，是不是他说错什么话、做错什么事惹女朋友不开心了，他承认自己不太会讨女朋友的欢心，但直接被拉黑他也很委屈。有一次是因为他临时要加班，不能去接女朋友下班，她二话不说就拉黑；还有一次是他给女朋友点外卖，忘记备注"不加辣椒"，等要解释的时候，已经发不出去消息了；"520"那天他们商量晚餐地点，女朋友觉得他连自己喜欢吃什么都不清楚，很失望，说了一句"我不想跟你吃饭"，就再次熟练地把他拉黑了。

我的朋友做错了吗？

他确实不够体贴，但也不至于被拉黑，有什么事不能在对话框里解决，非要拉黑拒收消息呢？

关于拉黑这件事，另外一个朋友也跟我吐槽过。因为她不愿意去见父母介绍的相亲对象，她妈拉黑了她一星期，打电话也不接，一星期后她妈想让她见另一个相亲对象，才把她拖出了小黑屋。

拉黑这个功能既然存在，一定是有原因的。对于骚扰自己、已经分手或者久不联系且没必要再联系的人，拉黑是一种恰当的处理方式，但它渐渐被滥用。

人与人之间的沟通不可能总是顺畅的，会有分歧、矛盾、不愉快，想要解决这些问题，还是应该回到沟通本身。拉黑有什么用呢？它导致了交流的通道关闭，此时，对于主动拉黑的人来说，解决问题已经不重要了，是控制欲的驱动占了上风。

朋友问过女朋友，能不能以后别总拉黑，哪怕跟他吵一架也行，不要什么话都不说，至少给他一个解释和道歉的机会，女朋友的回答不要太"酷"："不拉黑，你是意识不到问题严重性的。"我听了这个解释感觉很不舒服，拉黑变成了一种威胁和惩罚，它背后传递的是控制欲。

缺乏安全感的寄居蟹人格

擅用反复拉黑的人，具有"寄居蟹人格"的特点。寄居蟹是一种外壳坚硬、内里软弱的生物，用它来比喻这样的人很形象。他们处理问题的方式很强硬、霸道，但内心又很虚弱，自尊感低，安全感缺失。只有通过控制别人保护自己，他们才能获得安全感。

像朋友的女朋友一样，她的初衷是想让男朋友更在意她，她渴望得到爱。其实这是正向需求，但她满足需求的方式很负面，通过展示自己的"权力"让对方服从——只要我拉黑你，你就不能跟我对话，你就只能被动等待我的指令。

为什么说这样的人内心虚弱，没有安全感？

一个自尊程度高、有安全感的人，是不会过度担心自己的需求不被满足的，也不会轻易把别人对待自己的方式跟自我价值感、自尊联系在一起。他们能区分"你做得不够好"和"你不爱我"。他们也清楚在任何关系里，都不会有人能满足自己所有的需求，人的终极满足来源于自己。

"寄居蟹人格"内心的虚弱和敏感会让他们把任何风吹草动都当成对方要背叛、否定自己的信号，所以用拉黑的方式展示自己的地位和权力，这能让他们拥有更高的自尊感。同时拉黑也隐含着"对方犯错、对方不好"的意味，把错误都推给别人，便不必自省。他们看上去高高在上，又很无情，其实他们也很痛苦，在拉黑别人的同时，他们也是在用最无效的方式表达情绪，阻滞了情绪的流动，带来了"内伤"。

"寄居蟹人格"的形成

很多人都不会合理地表达情绪。有的人生气时会砸墙、踢垃圾桶、摔东西，还有人会扇自己耳光，拉黑就是这些动作的变形，他们用动作来表达负面情绪，而不是语言。小孩子在语言体系未发展充分的时候，就是用哭闹或肢体动作来宣泄自己的情绪，因为他们还没有习得正确的表达方式。语言沟通才是成人的沟通方式，用相对平稳有效的方式去疏通情绪。

有的人虽然身体在长大，但内心始终是个未发育成熟的孩童。 体验到负面情绪的时候，他们依然用孩童的方式去处理，无所不用其极地引起他人的关注，让他人看到自己的伤痛。但"寄居蟹"的外壳太过坚硬，强硬的方式只会反弹成另一种伤害。在人与人的交往中，会建立一种条件反射，你对别人温柔，别人才会对你温柔，而强硬只能换来强硬。

当一方试图沟通时，另一方却什么都不说，这种沉默很容易让试图沟通的一方更加气愤，觉得自己不被尊重，沉默的一方却觉得这才是最好的应对方式，毕竟避免了争吵愈演愈烈。

拉黑跟沉默有相同的心理动因，都是在用回避的方式处理问题，都想要逃避现实。**虽然逃避的确避免了争吵进一步升级，却忽视了争吵才可能触及矛盾的核心，才能让你们真正地面对问题**

的本质。在虚假的遮掩下，问题无法解决，关系也得不到缓和。你会发现，反复拉黑也好，持续沉默也罢，类似的回避方式用得越多，关系的续存期越短。

我自己也有过情绪险些崩溃、拉黑对方的经历，注意到"情绪"这个词没有？不是对方做得有多差劲，而是我的情绪很差劲，是情绪在驱动我想逃避问题、控制对方。

我们要解决的不是对方的问题，而是自己的情绪。要么在沟通中疏解情绪，要么暂时冷静反思，拉黑就像把自己和对方都逼到一条死胡同里，除了让你们碰壁和原地打转，它毫无用处。而拉黑的次数多了，也会被反噬——对方可能已经先人一步，在心里拉黑了你。

④ 被动攻击：被动攻击型恋人到底有多可怕？

很多人的择偶标准都包括一条"脾气好"。所谓的"脾气好"就是不生气、不发火，哪怕你这边火冒三丈，对方也能心平气和。这听起来是一种不错的品质，但脾气好的人真的没有攻击性吗？不冲你发脾气就代表他不愤怒吗？

我闺密的老公就是典型的脾气好的人，谈恋爱的时候从来没红过脸，也是因为这个难得的优点，闺密义无反顾地嫁给了他。

婚后，她老公依旧是这样，闺密的抱怨却越来越多："我嫌他只顾打游戏不做家务，他认错倒是快，但就是不改。前天我都睡着了，他又起来打游戏。我让他刷碗，他也会做，但是他收拾完的厨房简直比收拾前的还要乱……"

诸如此类的小错误在她老公的身上不断出现，约定好的事情他要么忘记做，要么拖拖拉拉，无论多简单的小事，他好像总能轻而易举地搞砸。跟他发脾气也没用，他永远态度端正，一脸无辜，倒好像我那暴跳如雷的闺密是个坏人，总是不依不饶地表达着愤怒。这些让闺密跳脚的小事，积累多了就成了大问题。她老公也会生气，却不表达出来，任凭愤怒在内心持续叠加，不生气不发火，也依然能伤害对方，这就是被动攻击。

内隐的情绪更具杀伤力

被动攻击型恋人不会跟你正面交锋，不会在你发火时用语言回敬你、刺伤你，但这不代表他们真的没有脾气，他们只是用迂回的方式表达愤怒。

闺密的老公口头上答应了不打游戏，看似"顺从"和"妥协"，但趁她睡觉偷偷地玩，这实际上是在用行动无声地抗争；还有那些总是被他"不小心"遗忘或忽略的约定，都是在被动地表达：我不愿意这样做。简单地说，被动攻击型恋人不跟你直接起冲突，但依然有自己的态度，一定要还击，哪怕是用被动的方式，也依然可以激怒你。

哪有真正脾气好的人，一个在婚姻里处处受限、不停被要求的丈夫，有多大可能心甘情愿地接受这些规矩呢？他接收了那么多愤怒的情绪，有多大可能心平气和地完成对方交代的事呢？为了不让自己的内心失衡，他得找到专属于自己的发泄方式。闺密不能理解："他有意见可以直接告诉我啊！哪怕跟我吵架都可以，为什么要用这种方式来对待我呢？"

被动攻击型的人其实并不会把这种方式一以贯之，他们会挑选被动攻击的对象——常常是控制欲强，或者说在关系中更强势的那一方。因为与这类人的互动模式让他们感觉熟悉，无意间再次复制了以往的经验，比如在早期经历中有强势的老师和长辈等。被动攻击型的人在关系中处于弱势地位，因此他们接受愤怒和指责后无力反击，但情绪一旦被唤起，就必须找到出口发泄。

小学时有个同学经常不按时完成作业，老师曾在放学后单独留他在办公室写作业，结果老师更生气了。因为这个同学写得非常慢，一直写到了保安来清人都没完成，但同学坚持表示"写得慢不是我的错"，老师虽然生气又没办法批评他。

回想起来，小孩子就是在这个时候学会了被动攻击——不能反抗规定，又不敢顶撞老师，于是就拖沓磨蹭，再次激怒老师。这样的方式一次次奏效，被动型攻击的人从中"获益"，因为他实现了自己的目标——表达愤怒，攻击对方，但又让对方无能为力。

被动攻击的多种表现

被动攻击不只会出没在亲密关系当中，工作、交友时，你也会遇到类似的人。他们通常会在表面上答应你、满足你，真做起事来，却总是会用一些小失误惹怒你。

说好跟你配合工作的同事总是突然掉链子，答应准时来聚会的朋友三番五次迟到，在聚会现场还总是闷闷不乐……遇到这种情况，你只能自己生气，因为被动型攻击的人的确没犯什么大错误，每一件都不至于让人大动肝火，但禁不住频繁发生，如果你因此发怒，反倒显得你斤斤计较了。

我闺密因为老公多次忘记给车加油而发火了，但她老公只是轻描淡写地说："我真不是故意的，而且这种小事，你不至于生气吧？"你看，和被动攻击型的人相处，表面上相安无事，实际上却让人难以忍受。

生活里会用这样方式的人很多，我们自己也会在不知不觉间运用"被动攻击"，有时候表面答应，背后却拖拉、遗忘、找借口敷衍，甚至最后干脆甩手。

被动攻击算不上一种错误，这背后也有其苦衷。因为表达愤怒的权利被剥夺，被动攻击型的人只能压抑和隐藏愤怒，渐渐地变成了不会表达愤怒和情绪的人，但又不能让自己内心失衡，只能用其他方式去发泄。**这是一种自我保护，但的确不是一个良性**

的、积极的解决方式。

终止与应对被动攻击

如果你是被动型攻击者，首先要觉察它的存在，学会用积极的方式去表达情绪。成年人的被动攻击大多是童年时期经验的复制，是一种情感投射。现在的你不会始终在关系中处于弱势，你不再是没有独立思想、需要依赖父母的孩子，所以你有表达情绪的权利，并且有能力去回应对方的愤怒。

这种回应不是类似恶语伤人的反击，而是用平和的态度讲出你的感受、想法和态度。被动攻击其实是一种"自我攻击"的变体，愤怒的情绪在发泄之前就已经伤害了被动攻击者本身，然后才会转化成指向外部的攻击。所以，你不正面表达愤怒，就是在伤害自己。

如果你遇到了被动攻击型的人，而对方可能是你的父母、朋友、伴侣，有几种应对方法可以参考：

1. 自查

进行被动攻击需要触发它的情境和对象。有可能你在相处过程中给对方施加了太多压力：比如过多的控制、指责、挑剔等，要自查在这段关系中，你是否提过一些不合理的要求、是否态度过激、是否多次攻击对方，等等。

2. 主动打破恶性循环

愤怒——被动攻击——愤怒是人际关系中可能出现的相处模

式，这种相处模式只会导致两个人的愤怒情绪在彼此身上流动，却始终无法消解。所以，要给对方正面发泄情绪的机会，鼓励对方直接表达感受和想法，这样才能打破这种循环，让彼此从愤怒中解脱。

3. 建立边界并设置后果

被动攻击带来的伤害不容小觑，所以要明确地告诉被动攻击者你的底线是什么。也要明确指出，即便是看似无足轻重的小事，被动攻击也会造成严重的后果，使你们无法建立信任甚至破坏你们的关系，这是对被动攻击的一种约束。

美国心理学家托马斯·摩尔（Thomas Moore）说："最好只和会表达愤怒的人做朋友。"虽然表达愤怒会造成一时的气氛紧张，但实际上它是在正面化解不良情绪和冲突，而那些看似好脾气却不会表达愤怒的人，往往不是你想的那般友善，他们很可能会用被动的方式去回击你。

⑤ 恶性关系循环：那些分不掉又好不了的恋爱

感谢那些每天挣扎在恋爱中痛并快乐着的小伙伴们，给我提供了源源不断的写作素材。

就比如下面这位。

A：我觉得我和他又要分手了。

B：你就少来吧，一年听你俩分手几百次。

A：这次不一样，这次是真的。

B：你每次都这么说。

A：哎，我自己也很无语。

B：咋了？我想听听段子。

我想说的是，反反复复闹分手，反反复复复合的绝对不只她一人，仿佛冥冥之中的宿命，就是无法谈一场不闹分手的恋爱。我想会有一些人有过这样的恋人，动不动就提分手，很快又来求复合，或者藏着掖着只说"我想见你"，很快和好，不出三天，又开始上演闹分手的戏码，仿佛他们谈的恋爱必须按照"分手——复合——分手"这样的模式不断重复。

我觉得还是得先从根本上分析对方反复提分手的根源在哪里。

原因1.证明存在感/被爱，获取安全感

之所以第一个写这个类型的分手爱好者，是因为其他情况喜欢重复"分手—复合"模式的人，多少都有这类型人的影子。在恋爱中博得关注和爱的合理方式是努力把自己变得更有吸引力、为对方适当付出、积极维护亲密关系，这是让彼此更加相爱、关

系更稳定的有效途径。

这个类型的人需要爱和关注，却采用了消极的方式。他们的内心独白常常是这样的："你对我不好，我只能分手，如果你真的爱我，就会来挽回我，否则就不是真的爱我。"

这种表现大多跟童年经历有关。在他们跟这个世界最初建立联结时，可能遭受了很多关系中的对抗或疏离，他们的家庭总是笼罩在紧张的氛围中，在这样的境况下，很难去除"氛围效应"，积极地去应对问题。

他们从小就会通过调皮捣蛋、故意犯错等方式，让父母不得不时时关注他。虽然父母对待他们的方式可能是训斥或体罚，但至少博取了关注，而打骂当中肯定也有爱的成分。我们都知道最可怕的态度是冷漠和忽视，一旦小孩子听话了、不再惹祸了，父母感到省心，也就不会再投入那么多的时间和精力去关注他们，这往往也是他们长大后在恋爱中最怕发生的情况——没有波澜，难以感受汹涌的爱。

因缺乏安全感而反复提分手的人虽然很痛苦，但在潜意识里很享受这样的关系，因为每一次提出分手，对方的挽留都是爱他的证明，这样的做法可以快速、直接地验证伴侣是不是爱他。从表面看，分手是一种破坏关系的行为，在他们内心深处却是对自己安全感的建设。一旦对方同意分手，他们又会觉得难以接受。其实，他们无法接受的是自己不被爱、不被重视，所以会求复合，这是获取关注的第二种办法。

这个类型的人其实希望在恋爱关系中能够重建自我价值，但用错了方法。如果你的伴侣或者你恰巧就是这样的人，建议通过沟通的方式来解决这种恶性循环。我们必须知道，反复的"分手——复合——分手"虽然可能从某种程度上给予了一方安全感，但也伤害了另一方的自尊、消耗了两个人的感情。

任何一段关系都不能长期失衡，一旦有一方总是需要牺牲或者耗费过多精力去解决问题，就只能带来关系的疲软，最终走向决裂。所以可以通过沟通，确认反复分手又求复合的原因，如果是想要感受到安全感和爱意，才选择这种方式，那么可以尝试采取更积极的方法，鼓励对方做出对亲密关系有益的改变，而另一方要及时给予鼓励、肯定以及回应。

请记住，打击和破坏永远不会让关系变得更加坚固，但正确的爱和付出可以。

原因2.表演型人格发作

这可能是言情小说阅读过多的后遗症，他们一定要在恋爱中作个翻天覆地才肯罢休。前一秒还在演"山无棱天地合"，转眼就跳跃到了"你走你的阳关道，我过我的独木桥"，总之变化多端，喜怒无常。

这个类型的人，除了有爱提分手的常见表现，还经常会在闹分手的时候把气氛烘托得如同电影。虽说是提分手，但总少了一些理性，过分刻画离别的悲伤，又暗示你这是复合的必经过程，好像只要你愿意配合她来一段挽留的电影对白，也就能重修旧好了。

他们反复提分手又反复诱导你来哄，未必是真的想分手，只是对爱情的印象还停留在青春期时看的凄美爱情小说里。他们不喜欢一眼望得到头的爱情，必须在恋爱里作个痛快，在分分合合里寻找真爱。作为这个类型人的伴侣，你要是不嫌累就配合对方表演几次也是一种解决办法。但要让对方明白，恋爱不只有分分合合。两个人并肩努力克服困难，终成眷属，也很感人；互相鼓舞共同提升，携手走向更广阔的人生，也很励志呀；一起来个说走就走的旅行也很浪漫。

表演型人格如果能有的放矢，也会增加恋爱情趣，但是需要伴侣做出积极正确的引导。这样的关系相对累心，因为只有他们的伴侣成了恋爱这场戏的导演，才能真正左右这部"戏"走向圆满、欢乐的大结局。

原因3.冲动的情绪反复

这样的情况是最常见的。因矛盾、争执或关系出现问题而产生激烈的情绪，在冲动之下提出分手，分开后又会不断回忆起对方的好，意识到是自己的问题，又回过头去争取复合。

可能因为这段关系确实存在着一定的问题，所以你们仍然会闹别扭不断、争吵不停，而冲动又会导致一方再次提出分手。根本原因在于行动和认知过度受情绪左右，在把对方当作问题的始作俑者时，你会愤怒、失望、伤心，这样容易产生破坏关系的行为；而冷静下来时经过反思和洞察发现自己也有问题时，就会感到失落、自责，进而产生想要修复关系的行为。

这类问题的最佳解决方式是，不要轻易下定论、做选择，如果受情绪牵连想要破坏关系时，冷静处理，别在控制不了自己情绪的时候，试图去解决关系问题。

原因4.把分手作为解决问题的方式，改变或控制你

还有一种爱提分手的人会企图通过破坏关系的方式来解决问题。比如，因为他跟别的姑娘深夜发暧昧短信，你感到不高兴，希望对方能道歉并发誓痛改前非。对方却不表态、不理睬，甚至出其不意地提分手，把你晾在那里，让你自己思考。如果你同意分手，可能也就真分了，如果你舍不得呢？分手的痛苦让你不断回忆起他对你的好，还有曾经甜蜜的时光，你开始犹豫不定："不就是个暧昧短信吗，也没什么大不了的。"于是在他跟你藕断丝连的关系当中，他只要给些甜头，你就乖乖回去了。关系虽然复合了，你们在关系中的地位却大不一样，本来是平等的两个人，现在他做什么你都要接受并且不敢提要求。你没法再重提旧事，希望对方给你个保证，因为毕竟要复合的是你，这就意味着你接

受了对方此前的种种行为，甚至是未来再次出现这种行为的可能。

这样一来，问题看上去"解决了"，因为你们谁都不再提起。当你再度发现他的暧昧行为时，也怪不得别人。当初你坚持不分手，意味着你默认可以接受。而你的纵容只会变成对方"控制"你的有利说辞——"不分手那你就要包容我"。

也不排除对方提出分手又回头求复合的可能，或是声泪俱下，或是拿身家性命保证今后对你好。你稀里糊涂地被这苦肉计打动，以为对方悬崖勒马了。但也可能使对方知晓你吃这一套，下次再分手，大不了他故技重施，你也肯定会心软。

对待这样的情况，我的建议是给一到两次机会，也是给自己机会。若对方仍然利用你的包容和善意继续伤害你，请立刻终止这样的反反复复。他用这样的模式操控着你的情绪和人生，你也不要再抱有幻想，希望自己无限次的包容和退让可以换来对方的珍惜。

就像那个不断喊"狼来了"的孩子，他一次次撒谎欺众，不过是因为之前他的确成功过，而这成功让他变得自大。现实中他肆无忌惮地以为你们的关系模式已经确定——只要他召唤，你一定会回来。"狼"终有一天会回来，你应该早点让他知道这一点。

反复"分手——复合"的情侣我见过不少，最终都难以善终。最开始的感受都是死去活来，痛不欲生，而一旦分手变成了习以为常的事情，就很难给人深刻反思自己、反思关系的机会了。它只会让人觉得辛苦、疲惫，直至麻木，最后变成"分就分吧，反正迟早要分手"。

如果对方已经有过反复提分手的行为，而你也被这种反复折磨得无所适从，那么好好思考你们的关系，是不是只是反复分手这么简单的问题。如果其他方面都合适，只有这一点不如意，那么告诉对方，也告诉自己，再给彼此最后一个机会。如果接下来依然遭遇这样的困境，请头也不回地走掉，把时间留给下一个合适的人。**恋爱就像一张美丽的画，每闹一次分手，都会留下一条褶皱，虽然它还是那么美，却难以平整如初。**

⑥ 宿命型婚恋：有这种婚恋观的人，可能永远遇不上合适的人

如果你问一个人为什么至今单身，十有八九会听到这样的回答——"我不想将就"。这个答案没问题，不论是伴侣还是工作，谁也不想让自己处在"将就"的状态里为难自己。

我也曾说过，我们这么努力认真地成为更好的自己，不是为了找个人将就着过一辈子的。至今我也仍然在坚持"不将就"，但放下那种倔强对抗的情绪之后，我其实在思忖一个更具体的问

题，到底什么才是"不将就"？

之前收到一位读者的微博私信，她跟我诉说自己坎坷的相亲经历。一年时间里，她认识了近10个男生，但没有一个让她愿意继续接触的。女孩的妈妈认为她太挑剔，说"差不多得了"。而她跟我说，她不想将就，这有错吗？当然没错，但我忽然好奇，这近10个男生，为什么都达不到她的标准？女孩说，有的人身高只比她高3厘米，她觉得不般配；有的人的工作需要经常出差，她担心以后没有太多相处时间；还有一个因为相亲时迟到了，她觉得对方怠慢了她；讲到最后一个，姑娘表示可惜。那个男生在各方面都符合她的期望，但是聊到兴趣爱好的时候，男生表示自己比较宅，偶尔会打球，经常打游戏，女孩当机立断说不合适，因为她不想要不上进的另一半。怎么说呢，仅仅因为这些表面之处就否决掉，的确是可惜的。

在某一方面不符合自己的择偶标准的情况下和对方交往，就是在"将就"吗？男生因为喜欢打游戏而被定义为不求上进，跟女生要求男朋友买包就被定义为"拜金"，在本质上是一样的，都是贴标签、以偏概全。当我们因自己被定义为"拜金"而感到委屈的时候，是不是也在做同样的价值判断呢？上述女孩说的这些"缺点"的确会令人在做决策时犹豫，但是反观我们自己的择偶观，就会发现：如果调整择偶观，所谓的"缺点"其实只是特点。

宿命型婚恋观，注定不幸福

真正决定我们是否愿意将就的，不是对方是什么样的人，而是自己怎么看待爱情。怎么看待爱情，跟我们对关系的内隐认知有关。**经典的"关系内隐理论"将婚恋观分为两种类型：宿命型和成长型。**

向我提问的女孩的婚恋观就属于宿命型，她对爱情有浪漫的幻想，也以此制定出自己的择偶标准，认为一定会有一个人符合自己对于另一半的理想预期，只有找到了这样的人，她才愿意与之相爱。那些达不到标准的人是不会让她产生爱意、也不适合在一起的。而婚恋观是成长型的人对于另一半并没有一个刻板的标准。这类人认为两个人可以一起努力经营关系，一起成长，爱情是可以培养的。落实到具体的情境中，当一个宿命型的人面对相亲对象时，极容易看到对方不符合自己标准的那些特质，会将他跟理想化的标准做对比，然后轻率地放弃；成长型的人会看到对方身上吸引自己的特点，更乐观地看待不符合预期的部分，给自己和对方一个机会。

就像小时候，我们明明已经考了99分，家长还会苛求我们："为什么就差1分？"而看不到我们的分数已经趋近于满分。我们要看到对方的优点，而对于缺点更加宽容。我们不应该完全以自己的主观标准为准绳，因为我们的主观标准可能会受到不切实际的期望的影响。

如果沉浸在宿命型的婚恋观里，我们就会离爱情越来越远，不但会错过值得发展恋爱关系的对象，而且即便遇到了命中注定的那个人，感情也很难持续发展。**被宿命型的爱情观操控的人在恋爱关系里会坚持自己刻板的标准，一旦对方有些行为不符合自己的预期，就会对对方产生怀疑。**上述女孩认定了自己的另一半不应该打游戏，把一个无伤大雅的行为认定为一个"致命的错误"，从整体上否定这个人和这段关系。其实很多人都有宿命型的婚恋观。他们解决问题的逻辑也是宿命型的——因为对方不够好，所以要终止关系。

成长型爱情观，带来健康的爱

成长型爱情观的人更擅长驾驭关系。他们不会轻易因为一个特点、一个动作否定一个人。在相处中，他们的心态更开放，会把自己以前没了解到的对方的特质当作关系深入的标志，毕竟只有当你跟一个人的感情越来越好，才有机会全面了解对方。他们会思考，如果对方这样做让我感到不舒服，一定是他的问题吗？这其中是不是也有我过于主观的判断？我们能一起做些什么去解决这个问题，一起让关系变得更好？

爱的确不是一件容易的事情，不是努力就可以的，但这不代表我们什么也做不了，至少我们可以反思自己的婚恋观，调整自己对另一半的预期，让它更符合实际。在他必须真诚、善良等不能妥协的原则上，不要完全摒弃宿命型的婚恋观，但是那些被浪漫的幻想荼毒过的苛刻标准并不值得你为它"不将就"。有时候，"不将就"才是你寻找爱情之路上的最大阻碍。

第二部分

醒觉与重塑：初见陌生的真我

第四章

假我醒觉

1 心理"奶妈（爸）"：你从未停止哺乳"巨婴"

最近一直在思考一个问题：是什么让有的人认为，我每天静静躺在他的微信好友列表或者通讯录里，就是在随时等待他召唤，为他排忧解难的呢？

有时微信留言太多，因为精力有限，所以会让这些信息石沉大海。有人追问我为什么不回复，是不是生病了？事实上，我并没有生病。

有种病，叫"巨婴病"

如果有人理所当然地认为他人必须做到有求必应的时候，尤其是当那些问题琐碎无聊到对方根本不想浪费时间回复的时候，就应该先审视一下自己是否分不清关系亲疏。有些人觉得，对方既然有一技之长就应该帮自己排忧解难。

他们的内心独白是：我认识你，你又是学心理学的，那你看看我到底算不算得了抑郁症？

我认识你，你又是学计算机的，那你看看我这个邮箱为啥登录不上去？

我认识你，你又是学新闻的，那你帮我看看文案这样写行不行？

还有依据人生经验来求助的。

我认识你，你去过新西兰，那你给我讲讲那里有什么好玩的？

我认识你，你交往过"射手男"，那你说说"射手男"都有什么特点？

看到这些，可能有的人会纠结，我们是不是应该善良、包容、讲情分一些，不能这么自私、狭隘、冷漠呢？

我们无非是拒绝回复一部分信息，不必给自己扣上"自私"

的帽子。如果我们把本来应该好好工作的时间用来回复这些无关痛痒的问题而耽误了项目进度，影响了同事的工作、下班时间和奖金，是不是就不自私了呢？如果我们把本来应该好好陪家人的时间用来帮人分析到底该在聚会上穿红色还是黑色的衣服而疏忽了亲情，是不是就讲情分了呢？

坚持着"因为我认识你，并且你有什么样的能力／经验，所以你该回答／帮助我"的想法的人，常常有一种病，我称它为"巨婴病"。"巨婴病"的症状有心理上无法断乳、懦弱、无法对自己负责、缺失独立性，并发症是习惯站在道德的制高点上谴责、剥削他人。

这种剥削是无孔不入的，"巨婴病患者"不在乎是不是与对方交好，是不是也曾有惠于你。总之，遇事但凡能从对方身上获取帮助或好处，都会不惜代价、贪婪地吸附在对方身上索取，索取完便离开，不知回报，再次遇到问题或困难时再回来问个不休。

"奶妈（爸）病"也上瘾

有时候遇到前来求助的人，我也会不落忍，觉得他们怪不容易的，我就抽时间聊聊吧。沟通一番后，对方回复我几个"茅塞顿开""醍醐灌顶"，哪怕只是敷衍地赞美一下我的为人——"你真好""你说的很有用"，我都会美滋滋地觉得，帮助他人的感觉真好！即便这个人只是朋友的朋友的小姨子的同学，那一刻我也会欣欣然自我陶醉，其实我都忘记了，我们的关系并没有熟到可以帮她分析和解决问题的程度。

要是遇到我不知道该如何回答的问题，那就更要命了。曾经有一个只见过一次的微信好友问了我一个人生难题，我琢磨了一个晚上，替她忧愁、焦虑、难过，快把她的问题当成我的人生困境，也差点就要把帮助她看成我的责任了。待我终于厘清思路回复她好几大段文字之后，她只轻描淡写地说："麻烦你了，这个问题我不想再思考了。"当我好不容易分析完她的问题，人家告诉我她不想再思考了。

我表现出的这种乐于助人可以称为"奶妈（爸）病"，症状是好为人母（父）、总想为别人负责、过度关注他人，并发症是一旦有人把你捧到一个高高在上的家长的位置上，就特想帮助别人，且沉浸在"哇，我好厉害，我好伟大"的情绪中难以自拔。

"巨婴病"和"奶妈（爸）病"常常成对或成群出现，他们病入膏肓，彼此互相滋养。"巨婴症患者"愈发习惯于事无巨细地向他人求助，"奶妈（爸）症患者"则更加愿意舍己为人地救人于水火。于是，他们都渐渐忘了什么是分寸，什么是界限，这种关系模式一旦固化，他们就会忘记什么才是自己的人生。

"巨婴病患者"忘记了要为自己负责，不侵占、剥削他人的时间、空间；"奶妈（爸）病患者"忘记了能承担好自己生活的责任已实属不易。

心理断乳，自给自足

好在现在意识到问题尚不算晚，但在克服病症的过程中，你可能会有同样的遭遇——上个周末，我无视了一个"巨婴病患者"的求助信息，跟朋友享受下午茶并发了条朋友圈动态，结果收到"患者"的评论："我以为你很忙，所以才没回答我的问题。"是啊，我很忙，忙着享受我的下午茶，这样一段短暂的休憩可以让我整理心情、放松身体，然后继续迎接繁重的工作，"巨婴病患者"的人生跟我并没有关系。

此时，你若不是眼明心亮、内心强大，根本没有办法承担这样的道德压力，别人的情感问题乍一看还真比自己喝下午茶更重要、更紧急呢！可是试问，你的人生如果一直被这样打断，你是否对自己的人生负责？他若不能放弃"凡事必求人"的问题解决方式，是否能成长为一个真正的成年人？如果你没能力一直为他的整个人生负责，不如现在就让他在心理上断乳。

如果你是"巨婴病患者"，让一个并不可能真正地站在你的立场、了解你的状况的人为你全程导航，给你敷衍的回答，这真的能够帮助到你吗？

每个人都是一座孤岛，这个孤岛往往要自力更生才能更好地运转，弄清楚与他人的孤岛之间的距离，如何才能既有界限、又不失分寸地往来，都应该以先管理好自己的孤岛为基础，不过度干涉他岛事务，亦不侵占他岛领地，有健康的内在生态循环系统，自己的小局才能枝繁叶茂、健康发展。

② 自我厌恶的投射：别为他人的自卑买单

有个姑娘给我留言，说她正站在感情和事业的分岔路口。她28岁，朋友介绍了一个相亲对象，对方并没有什么不好，但自己就是对他没好感，而对一个同事有好感，想主动接触，又不知道合不合适；工作上，她觉得自己在现在的公司发展势头没那么好，有一家心仪已久但是对英语要求高的公司，她犹豫要不要报个周末的英语班，为跳槽做准备。

小心身边嫉妒心作祟的建议者

听起来，这位姑娘有工作目标，有喜欢的人，而目标也并非可望而不可即。我问她，虽然是岔路，但明显有一条闪着金光，你纠结什么呢？

姑娘的开场白是："我有一个闺密……"很多精彩或悲惨的故事都有相同的开始——"我有一个××"。很多人的人生都跟这位纠结的姑娘一样，受着闺密、朋友、同事的影响，无法自拔。

面对感情，姑娘不知道该和相亲对象相处看看，还是勇敢追求有好感的同事；面对事业，姑娘同样为难，留下继续混日子，还是蓄势待发重新上阵？她的闺密给出的建议是选择保守的、稳妥的、不费力的，或者说选跟闺密一样的路。问起这样建议的原因，姑娘说，闺密用她的亲身经历佐证这样选是最好的。

闺密和她年纪相当，是她的大学同班同学。闺密的样貌比她更为出众，是大学同班同学，但一直没太把心思放在学业和事业上，大学毕业没多久就嫁给了现在的丈夫。她的丈夫一直没有什么事业心，好在家境殷实，着实也过了几年风光的日子，可是现在传统企业式微，生意也不太好做。在毕业 5 年后，当其他人靠着自身努力小有成就时，倒也看不出来闺密的日子比其他人过得好。

因着这样的经历，闺密劝姑娘，做女人还是不要太拼命，花那么多钱学英语，未必能学出什么名堂，而现在的工作已经轻车熟路，不如把钱、时间和精力花在穿衣打扮；谈恋爱也不要好高骛远，女人追求男人，男人往往不会珍惜，相亲对象靠谱的话就好好相处。

闺密还语重心长地劝道："当年上大学的时候，我努力减肥，维护形象，也不过找个我老公这样的，当时要是不抓紧时间，说不定现在我也还单着呢。单靠我们这样的学历和家庭，很难找到好工作、好伴侣，男人永远喜欢年轻漂亮的，你还是多努力打扮自己，留住相亲对象吧，别到时候'竹篮打水一场空'。"

听起来，真是言辞恳切，处处为姑娘着想，但每一句话背后似乎又暗藏玄机："你看我没那么上进，靠着外貌结果也不过如此；你这么大岁数了，情况还不如我，别挣扎了，又不可能过得更好。"看着姑娘发给我的聊天截图，我头一次如此直截了当地给出建议：别听她的。我无意腹诽闺密的阴暗内心，我想她本意也并非如此，但由于内心失衡作祟，她很难给出适合这姑娘的建议。

所谓的"保守的、稳妥的、不费力的"选择，对许多人来说是不错的人生选择，却未必是最适合姑娘的路。28岁，尚好的青春，经历过社会的打磨和感情的起落，依然想要主动追求事业和所爱的人，有什么理由不去试一试呢？即便没有得到爱人，即便没有得到更好的工作机会，每一种经历也都是一种学习。在未来的某一天跟朋友撸串儿，喝得酒酣耳热的时候，她也能不留遗憾地说自己曾经追求过！什么都不费力的人生，真是顺从内心做的选择吗？

善妒者的心理动机

往往我们在内心的天平摇摆不定，还没听清楚自己内心的声音时，就操之过急把问题抛给了身边的人，而偏偏有那么一类人，他们是好闺密、好哥们儿，却唯独不是好的建议者。

他们因为自己人生的局限和内心的失衡，也想拖着他人一起放弃更好的人生。他们可能因为曾经受挫，便暗自企盼位高权重者高处不胜寒，希望有钱人都坐在宝马里哭，甚至恨不得双手叉腰等着看别人登高跌重。

说到底，一切都源于他们没有得到想要的生活，因此内心深处躲藏着蠢蠢欲动的羞耻感，或者是自卑。他对周遭的风吹草动都非常敏感，一旦有一个触发点把这种自卑激活，他们就会全力以赴地掩饰自身的缺陷。

也许是无意识的，人们总是倾向于将亲近的朋友和自己进行比较。当原本跟自己的生活状态差不多或者略逊色于自己的人就要开始过上比自己好的生活时，这种即将出现的差距便会让人内心的自卑蠢蠢欲动。

这类人的内心独白可能是这样的："我本跟你是同一层次的人，你怎么可能比我过得更好？"这种想法表现出来就是嫉妒，而包裹在劝导或建议的外衣下的，则是一颗可能把你的人生轰炸成废墟的炮弹。

他们在深夜失眠、辗转反侧，渴望也能拥有更好的事业和伴侣，然而因先天缺陷或后天落魄而求而不得，由此产生无助感和空虚感。**让他们继续安心生活的不是他们本身还有可能过上想要的生活，而是跟他一样的人也被这种失落、不如意包裹，他们内心深信不疑——你们并无差别。**这种"一致"减少了社会比较给他们带来的焦虑，让他们获得暂时的平静和安稳。而一旦朋友拥有了更多东西，就会让他们意识到自己的缺乏和自卑，出现认知失调，因为他们始终认为朋友应该跟自己同步保持在这种还凑合的境遇之中。这种不合理的认知会因为别人的进步和成功而扭曲使他们崩溃，因为从始至终，他们所以为的"一样""一致""同一层次"本就是一厢情愿的妄想。

每个人都有追求进步的空间，每个人都有过上更好生活的可能。善妒者抹杀了自己的可能性，并不意味着别人同他们一样，也要因为内心的自卑而止步于此。一旦这种自卑被暴露，无所遁形，还会激发愤怒和破坏欲。

在我的生活中便有这样的例子，本是同校、同班、同水平启程，但有些人因为坚持努力前进而被其他懒散的人排挤。排挤他人的那群人并非见不得别人好，只是见不得原本跟自己差不多的人比自己好。于是，他们会打压、排挤、中伤他人，尽管可能是无意识的，这种种表现都是他们的自尊遭受挑战后的自然反应和回击，这种攻击性有时会强烈到使人不惜代价。

或许你也曾经历过，**当生活水平的差距拉大时，那些曾与你交好的人，因为内心的自卑躲避你、疏远你，直至形同陌路。**对于他们来说最可悲的感觉莫过如此吧，别人得到了他们想要的东西，而这个别人恰好就是他们身边曾经跟他们一样平凡的朋友。

可能我们会觉得，别人的生活与我何干，他们得到的是他们的，并不是从我这里剥夺的。然而，善妒者的内心并非如此，他们早就把那些得不到的一切归类为"我和其他人都得不到的"，而即便有人得到，那也应该是他自己，而不是别人。所以，当发现别人已拥有他们还未得到的，他们便会嫉妒，认为是别人夺取了自己的东西。

你嫉妒的其实是"更好的自己"

讲起这些，我并非伪善地把自己与其他人划清界限，我坦然承认，我也会嫉妒、会自卑。同样，向我咨询的姑娘也会有嫉妒的执念，芸芸众生，又有谁不曾自卑和嫉妒？那么如何清除嫉妒的心理呢？

有一种积极且有建设性意义的方法，就是把注意力转移到自己身上，揣度自己的自卑源于哪种创伤，通过与自己建立联系，学会全面诚实地看待自己。也就是说，第一步是认识到当我们害怕别人过得比自己好的时候，真正的问题在于自身。从精神分析的角度来看，我们嫉妒的那个对象或者假想敌，其实是我们自身的一部分，是我们内心被分裂后压抑的部分，那个部分代表着成功的、可能过上更好生活的自己。也就是说，在我们的内心深处，我们曾认同自己是成功的，但种种现实或心理因素促使我们逐渐改变认知，把自己归类到"不太可能活得更好"的那一类人。

其实，**我们不能接纳的是那个不够好的自己，才逐渐压抑对自己的厌恶并投射给身边的人**，所以想消除嫉妒，归根到底要回到自己的身上，把那部分可能成功的自我变得更加强大。

关于自卑，心理学家阿尔弗雷德·阿德勒（Alfred Alder）

曾写过一本很有价值的书，叫《自卑与超越》，其中谈到了非常著名的理论——"补偿作用"。他认为，由身体缺陷或其他原因引起的自卑能摧毁一个人，使人自甘堕落或患上精神疾病，也能使人发愤图强，坚持不懈，以补偿自己的弱点。

有时候，一方面存在缺陷也会使人在另一方面求取补偿，例如，古代希腊的德摩斯梯尼儿时患有口吃，经过数年苦练竟成为著名演说家；美国总统罗斯福曾患有小儿麻痹症，其奋斗事迹更是家喻户晓。

简而言之，自卑也可能是鞭策人的动力，但是，若不正确面对，自卑不但会阻碍个体的发展，也可能会影响周围的人的成长。在处理好内心的羞耻感和自卑之前，在求取人生真义的路上，也要先练就火眼金睛，看清是谁一身白骨用自卑耗损你的法力，是谁菩萨心肠用霹雳手段磨炼你的意志。

3 嫉妒的边界：小心嫉妒背后的隐性伤害

一位离异的女读者婷婷给我写来一封长信，她看到前夫在朋友圈晒出了与现任妻子的甜蜜合影，最刺痛她的是她跟前夫生的儿子也在照片中，一手牵着前夫，一手拉着后妈，笑得灿烂。她旋即给前夫写了一封邮件，警告他不要惺惺作态，不要在人前秀恩爱，更没必要彰显现任如此伟大，把别人的孩子视如己出。她言辞激烈，发送前还不忘把邮件抄送给前夫的现任妻子。

婷婷跟前夫离婚后两年，心情一直很低落，事业发展不顺，感情上也没有进展，她最关注的就是孩子。她见两个人不回复邮件，一气之下还把邮件原文发在了自己的朋友圈。这条动态收到了很多评论，有人力挺她谴责前夫，有人劝她这又是何苦。

她问我，这样大动干戈到底对不对？

他们毕竟曾是夫妻，说不清道不明的纠缠太多，如果说她对前夫的态度不佳是因为二人过往嫌隙，尚且可以理解，那么对前夫的现任妻子恶言相向甚至不依不饶，就有失气度了。这些攻击背后自然有正向的能量在驱使着她，比如母爱。但若是仅仅为了孩子的福祉考虑，在社交圈公开讨伐毫无积极作用，甚至会把她推向舆论的风口浪尖，并不划算。现在这个时候，论对错没有意义，我们不如分析"讨伐前任"的表象之下更深刻的心理动因。

这种明显带有攻击和诋毁性质的行为背后是嫉妒。不是只有面对闪耀着光芒的明星才会产生嫉妒，普通到班级里学习比你好的同学，平常到公司比你业绩好的同事，甚至亲密到相处了几十年的发小，都可能让你有一闪而过的嫉妒情绪。这种情绪的根源是，他人得到了你没得到的东西，而你理所应当地觉得该得到的人是你。尤其在这个人跟你有关联，或者在某些方面有相似或旗鼓相当的特质时，更容易产生嫉妒。

婷婷嫉妒的是别人得到了她的前夫，甚至还跟自己的亲生儿子幸福地合照，在婷婷的认知里，这原本都应该只属于自己，而今却属于另一个人。现在的婷婷不但失去了爱人、和儿子在一起的生活，她的事业没有起色，感情也没有着落。换了谁都会有挫败感，都会心生妒恨。

嫉妒是把双刃剑

嫉妒本是一种常见的情绪，只要在合理的范畴内，我们不需要回避和压抑它，正是因为人类有着嫉妒这样高级的情绪，才不断推动社会进步。因为嫉妒他人拥有更多的财富，所以人们更有动力去追逐；因为羡慕他人拥有更优秀的品质，所以人们想要努力进步；因为嫉妒他人获得美满的感情，所以人们有了一面镜子，照见自己的问题，并做修正和调整。

可是一旦嫉妒超过了安全范畴，它就会变成人心中的一只猛兽，吃掉人心底的善，繁衍出更多的恶。这些恶又促使人做出攻击、迫害、侵犯和诋毁等负面的行为，即因妒生恨。这头困兽还会驱使人花费时间、精力、情感投注在他人身上，会让人只顾着关注别人的喜怒哀乐，只为打压他人而活。

从婷婷的邮件里能看出，她含沙射影地抨击前夫，赤裸地表达愤怒、怨怼。再看看她离婚后的生活，可圈可点之处屈指可数。她才 30 岁出头，是有可能做出成绩的。而今，她非但没有发挥出自己的优势，过好自己的人生，反而成了怨妇。最可惜的是，在这个过程中，她并不快乐，因为嫉妒背后是深刻的羞愧和自卑。当个体感到嫉妒，感到自身在某一方面无能为力时，自卑便如影随形，挥之不去。

有人能利用这种自卑进化，而有人驾驭不了，便只能臣服于它，止步不前，固着在消极的状态中不肯动弹，像极了琥珀中的昆虫。

成熟的人控制嫉妒，不成熟的人被嫉妒控制

想想我们孩提时代的嫉妒是怎么产生的，或许是因为邻居家小朋友拥有了一个你渴望拥有的新玩具，你不开心，然后你会怎么做？有的孩子选择找其他的玩具替代，转移自己的注意力；有的孩子选择好好表现，争取让家长给自己买；有的孩子会跟小朋友商量，能不能交换玩具、分享快乐；还有的孩子会选择攻击，把别人的玩具弄坏，或者说"你的新玩具一点都不好，丑死了"。

长大后，我们渴望的"玩具"可能是个人的优秀表现、财富、情感，当再次面对别人拥有而自己得不到的时候，有人选择在他处觅得幸福，有人选择提高自己，有人选择和成功的人学习交流，但依然有人选择贬损和攻击他人。**其他人都长大了，会把孩童时的方式升华，没长大的那些人依然会在嫉妒出现时，如孩童般退缩，继续用破坏性的方式来挥霍自己的能量。**

选择攻击的人都是在逃避成长，不敢直面自身的问题，而把问题转嫁于他人。攻击可以变成保护壳，掩盖自己的无能。时间久了，这种掩耳盗铃式的自我防御让人无法看到自身的不足和问题，而周围的人都在看笑话。如果你自己都对自己的问题和人生不屑一顾，谁会愿意来叫醒一个装睡的你？所以，时刻自查你的嫉妒是否在合理范围内，判断标准是它是让你变得更有力量，还是让你每天都活在负面状态里。

如何处理嫉妒

如果每次想到那个你嫉妒的人，你渴望的不是超越，而是诅咒和迫害他的人生，你的嫉妒心理就应该引起重视了。以下是我给你的建议。

1. 建立正确的边界

不要总是以为一切都本该是你的。同事业绩好、同学成绩高、闺密男朋友富有，这一切都不在你可控的范围内。你真正可控的才是你的东西，其他事物都在边界以外，不需要你操心和负责。

当你把你的边界无限放大，恨不得囊括全世界的时候，你就会觊觎伊丽莎白的王位、富翁的财富。这听起来可笑，可实际上正是因为你觉得那些跟你有关联的人所得的一切都在你的边界之内，你才会被困扰，才会滋生嫉恨。可原本那些嫉恨，就不该有来由。

2. 接纳现实，适度顺应嫉妒的情绪

与负面情绪对抗会让你产生更深刻的不安，为了减少不安，内在的防御机制便会出动去调节这种不安，这极易演变成攻击他人，以此来抬高自己。接纳自己的弱点和劣势，正视自己的不足，客观看待自己的优点。

3. 让能量流动

任何情绪都是有价值的，嫉妒亦然。它会产生一种使人奋发向上的能量，当你把它用于攻击和诋毁，能量也固着在那里，不流动便不能成长。

攻击是一种释放能量的办法，也是一种防御方式。但并非所有的防御方式都是消极的，如果能把消极的能量转移到正确的方向上，同样能产生积极的效应，这种方式就是升华，而这才是解决自卑的有效方式。

正确的方向就在你可控的边界里，在那些愤怒和攻击的冲动无法消解的时候，请想想你那些买了还没读的书，花了钱还没去上的健身课，嚷嚷着要见却还没碰面的朋友。花一个月时间去琢磨他人的人生，尽管你攻击、谩骂、诋毁，他还是那个他，你还是会嫉妒；但如果用一个月的时间来改变自己，学习、工作、旅行，你可以成为一个更好的自己，也许就无须再嫉妒他人。

当然，如果你觉得只有像婷婷那样公然泄愤才舒服，请留出足够多的时间、精力去关注他人的一举一动并随时准备应对各种

情况，你的怒火会让珍惜和支持你的人望而却步。与此同时，你也要承受被你攻击的人并没有受到太大影响的结果，因为你的言行在不知不觉中抬高了他人，贬低了自己。这笔账，你千万要好好算清楚。

④ 习惯即创伤：最怕听你说"我习惯了"

我之前在微信朋友圈里发了一个问题：日常生活中，你最怕听到别人说哪句话？

票数高的回复都让人心服口服，有"随便""不信算了""跟你没什么好说""我习惯了""哦"，等等。在诸多答案里，我对"我习惯了"这句话最敏感，可能因为这句话正好在那两天频繁听朋友说起。

朋友 A 是一个非常独立的姑娘，再加上老公工作忙，很多家务都是她一个人处理，最近她生了一场大病，除了闺密自告奋勇陪同一次，其他时间她都是自己一个人去医院的。最近的身体状况依然不太好，我问她一个人到底行不行，太难熬就让老公请假陪护，这时候正是最需要人照顾的时候。她回复我："没事，一个人可以的，我习惯了。"看到这句话我思考了很久，不知道怎么回复，但我懂得"习惯了"背后的心酸和失落。

朋友B，在背负家庭债务的同时，工作压力越来越大，女朋友也跟他提出了分手，原本就压力重重的生活更是雪上加霜。我跟他说这么辛苦，还是要适当解压，他很无奈，也对我说了同样的话："没事，我习惯了。"

其实很多人身上都有这两位朋友的影子，对现状束手无策，只能调整自己的态度，麻痹自己的感知，让自己对孤独、压力、痛苦等习以为常，以为这就是最好的解决办法。这种习惯不值得肯定。每每听到，都让我觉得心疼，他们不谈感受，我却还是能感同身受。

"我习惯了"约等于"我不重要"

我们害怕听到的不是那几个简单的汉字组合，而是害怕接收那句话里隐藏的态度和情绪。而每一句害怕听到的话背后都有一个故事，每一个故事背后都有伤痛。"我习惯了"，这句话背后的情绪是无奈、失落和心酸，而背后的故事可能更复杂。

他们的生命里一定有过心理创伤，或许是某个很重要的人没有在他们需要的时候关照过他们的情绪，没有在他们脆弱的时候给予支持和陪伴，没有在他们渴望爱的时候给予满足。故事千变万化，导致的创伤体验却总是相似。这些经历让个体感到不被接纳、不被关注、不被爱。更严重的，他们的存在感和价值感可能会被一点点剥夺，那些经常说"我习惯了"的人，还会伴有"我不值得""我不重要"这样负面的自我认知。每一次都用"习惯了"来应对困境和难题，并非都是自动化的反应，在真正习惯之前，他们其实都重复性地经历了内心的挣扎。

当需要陪伴和支持时，他们也想要主动寻求帮助，但害怕被拒绝；当想要倾诉烦恼时，他们也渴望在某个契机下讲出心声，但担心不会得到安慰；当想得到爱和关怀时，他们也想暴露自己的脆弱和无助，但疑虑是否能得到回应。

朋友 A 和朋友 B 也一样，不是没有想过跟老公沟通陪她去医院，不是没想过向朋友倾诉烦恼，但在他们的想象中，每当自己提出请求，结果都可能是被拒绝。

与其说结果糟糕，不如说内心的想象更可怕，至少从概率上讲，结果只有一半的可能性不如愿，但在他们的想象或"自以为"里，结果永远只会是最糟糕的那种情况。也是这样的想象和"自以为"禁止内心的渴望越界，阻碍他们去改变被动习惯的现状，所以，那些过去的创伤体验很难得以修复，负面的自我认知很难得以调整，他们只能在心里一直保存着过去的故事，无法再书写更温暖的未来。

习惯带来消极互动

"我习惯了"是一种防御机制，因为害怕再次体验被拒绝的失落和伤痛，所以用看似轻巧的四个字把自己限制在一个固定的模式中——不再轻易暴露情绪、表达诉求、寻求支持，他们甚至会减少与他人的接触，让自己保持孤独。这种固定模式可以给他们提供一定的安全感，但这种安全感稀薄而有限。一个不敢提出合理需求，刻意跟他人保持距离的人，又能有多强大的安全感呢？

虽然我每次听到"我习惯了"都会觉得心疼，像看到一个蜷缩着身子的孩子，极力保护着自己，抗拒外界可能带来的伤害，但这种的抗拒其实包裹着敌意，他们觉得他人不会满足自己的需求，不值得信赖，随时有伤害自己的可能，因此回避接触、拒绝沟通、刻意保持距离，这本身就是一种被动攻击。

在被动攻击的驱使下，他们的表现都是冷漠而疏离的，当这种被动攻击被他人觉察时，周围的人反而更有可能拒绝满足他们的需求，这是一个恶性循环。他们一旦习惯了"我习惯了"这种防御机制，就很难意识到自己在习惯一件本不该习惯的事，他们以为的坚强和独立，其实是在把他人的善意拒之门外，他们以为的安全感其实建立在一个非常不牢靠的基础之上。想把这种消极的习惯扭转成与他人建立积极的互动，别无他法，只有勇敢去尝试。

尝试积极回应

当然，暴露情绪、表达自我、寻求支持，一定会有被拒绝的可能，甚至还有可能再次受到和过去类似的创伤。但换个视角再看这件事，或许会更勇敢。

最糟糕的结果无非再经历一次熟悉的消极回应，或被忽视，或被拒绝，但对于这种回应你已拥有应对经验，有保护自己的能力，毕竟现在的你又成熟了几岁，说不定你会处理得更好，那这又有什么可怕？

相比起来，这一生都没有机会再体验到他人的爱和支持才更可怕。而只要你愿意去尝试表达，主动去打破这个习惯，就有可能用美好的经历代替过去保存在心里的创伤体验，改变自己的按钮就在你的手边，谁说这不是个养成新习惯的机会呢？习惯坦诚而愉悦地交流，习惯接受也给予支持和陪伴，习惯拥抱爱和关怀。

《茶花女》里有一句让我印象深刻的台词——"我的心不习惯幸福"，但其实，幸福和习惯一样，都是自己的选择。

⑤ 配得感：人生最怕的三个字是"配不上"

很多人对待情感的心态都很消极，总是难以相信自己会被人真心喜欢，不敢接受他人的爱，哪怕自己动了心，也依旧望而却步。

他们的核心信念也可以总结为一句话——"我配不上"，还有很多相似的表达，比如"我不值得""我没资格""我不应该得到"，等等，表述不一，但都反映了一种缺失和匮乏——他们没有"配得感"。

你是否总觉得"我不配"？

"配得感"是一个人内心对自己可以拥有什么样的生活的一种资格认定，配得感可以体现在很多方面：不敢被爱——情感上没有配得感；不敢购买高品质的物件——物质上没有配得感；获得成功却抗拒享受成功——精神上没有配得感。

一个人是否有配得感与他实际拥有多少东西并没有直接的关系，有些人即便已经在物质和情感上具备了得到和拥有的能力和资格，他也仍旧认为自己"不配"。所有局外人都告诉他并不是他想的那样，但在没有配得感的人的心中，"不配"已经成了一种习惯性的自我诅咒和自我设限。

缺失配得感的人其实很多，可能也潜伏在你周围。

我有个要好的女性朋友，以前我们经常谈心，她暗恋一个男同学多年，却始终不敢联系和表白，她总说对方特别优秀，自己配不上。这位女性朋友肤白貌美、家境优渥，还是一位博士，我曾纳闷这是何方神圣，会让她都觉得配不上？她定居海外后终于向我们吐露真言，原来那个男同学是我们的共同好友，但恕我直言，男生并不如我朋友描述的那般优秀，就是个普通的阳光大男孩而已，甚至他的前几任女友都远不及她。

我一直以为她是给对方加上了爱的滤镜，但回想她过去的一些表现，后来我才明白，她只是配得感太低。例如，别人送给她一件礼物，哪怕价值不高，样式普通，她也会觉得过于贵重，接受后坐立不安，总想着偿还人情；在朋友的怂恿下，她买过一条很漂亮的裙子，但她从来没穿过，不是没有合适的场合，而是她总觉得自己穿不出裙子的美。

配得感低的人特别容易内疚。在所有该享受美好的时刻，他们总是无所适从而又尴尬万分，如果朋友把礼物硬塞给他们，他们还会慌乱不安，甚至逃避和生硬地拒绝。

当你有以下 5 种表现时，那说明你在配得感上需要反思了：

1. 经常感到抱歉，常说"对不起"；

2. 当别人赞美你时感到尴尬和不自在；

3. 对钱敏感，不敢轻易跟人谈钱；

4. 在物质和精神层面都不敢享受；

5. 不接受美好的感情，因为你会不安。

配得感低的人往往都有情感匮乏的童年

配得感低的人真的不值得赞美，不配享受美好生活吗？不是他们不够好，而是他们总以为自己不够好，而这种"自以为"其实往往源于原生家庭。个体对自己最初的评价其实都源于父母（主要抚养人），父母认为孩子可爱，孩子长大后也更倾向于认为自己可爱；父母认为孩子值得，孩子长大后才不会觉得自己不配。

父母对孩子的评价很少直接反映在言语上，会渗透在他们对待孩子的方式上，回忆童年，你的欲望或者你想要的东西会在什么情况下被满足？父母会在什么时候赞扬你？什么时候会说爱你，发自内心地对你微笑？

配得感低的人往往在童年时期频繁经历被拒绝和被否定，而他们获得满足和认可的前提往往是先达到父母的要求。例如，有的孩子想要的玩具从来没有在第一时间得到过，只有乖乖表现了一个月，父母才勉强买给他；有的孩子想出去跟小伙伴做游戏，只有在考试达到父母期望的分数时才被允许。甚至有时，孩子以为已经达到了被父母表扬的标准，父母却还是认为不够，总有别人家的孩子比他强，他们挂在嘴边的都是自家孩子的不足，他们吝啬表扬和赞美，那是孩子在童年中最稀缺的东西。

这是配得感低的根源，孩子在父母的评价中成了低价值的人，他们一次次重复着他还不够资格，这种"我不配"的感受也一次又一次重复在他的心里，最终形成了他的自我评价。然而，谈论原生家庭对配得感形成的影响，并不是要去责难父母和不幸的童年。配得感低像一种遗传基因，一个配得感低人的父母至少有一方也缺失配得感，因此父母并非有意给孩子造成负面影响，只是他们自己也受困于此。哪怕经济条件允许，他们也不敢购买高品质的物件，省吃俭用没什么目的，只是一种习惯，每当他们说"我不需要"，内心真实的声音其实都是"我配不上"。

亲爱的，你值得拥有更多

一个配得感太低的人，是会自证预言的，因为时常觉得"我不配"，他们总是逃避和远离各种变得更好、得到更多的机会，总是停留在委屈自己的行为习惯上。久而久之，他会习惯囚禁自我需求和欲望。当一个人的需求和欲望被压制，结局就是他真的离更好的生活越来越远，越来越不幸运。

追溯来时路是为了让配得感低的人看到它形成的路径，即便这条路无法回头，也可以用一定的方法在认知上"重走"这条路，改变"我不配""我不值得"的心态，大胆去拥抱美好。

我曾在微博上写过一句话——"你值得拥有全世界"，我希望每个努力奋斗的人都应该时不时地对自己说句话，你值得拥有更多，这是一种新的信念。信念可以影响行动，行动可以形成习惯，习惯可以反作用于行动，最终你将推翻"我不配"的桎梏，形成全新的认为自己值得的信念。

你是否配得上更好的生活，是需要通过努力和实践才能知道的，但你绝对配得上一场自我解救，把那个困在配得感低的诅咒里的自我解救出来，因为那个被囚禁的你本就能成为更好的自己。

⑥ 备胎心理：给不了你现在的人，也给不了你未来

我从没见过一个备胎收获圆满的结局，即便最终成功"转正"，感情也并不如意。

备胎的心路历程

朋友 A 在一次聚会上认识了他心仪的女孩，朝思暮想，可惜女孩已经有了男朋友，朋友左思右想还是加了女孩的微信并表白，女孩没拒绝也没发好人卡，只是说："我暂时还不能做决定。"这句话简直就像免死金牌一样，证明他仍有机会敲开女孩的心门，他以为跟女孩的关系就像刚播下的种子，只要时机一到就会破土而出，长成参天大树。

这是一个备胎的春天，生机勃勃，充满希望。

朋友 B 那时正跟心仪女孩纠缠，女孩的正牌男友外派出国一年，女孩的大小事情都会找朋友 B 帮忙，今天帮忙修电脑，明天帮忙去超市采购。除了未发生性关系，他们就跟情侣无异。朋友 B 保持着热情如火，就像一只随时待命的免费召唤兽，只要女孩勾勾手，他就能踩上风火轮一样无处不往。

这是一个备胎的夏天，持续升温，如火如荼。

朋友 C 更像她心上人的闺密或知心姐姐，只要心上人跟女友吵架，她就一定会出动，无论夜多深，她都会第一时间出现在心

上人身旁，听他倾诉，给他安慰，还时不时地指点心上人如何讨女友的欢心。她成熟理智，不会贸然进攻更不会冷落对方，她总以为有一天心上人会发现最适合他的正是默默守候的自己。

这是一个备胎的秋天，冷静克制，浓情渐淡。

朋友 D 在跟男神对垒几个回合后败下阵来，男神换了两任女友都未垂青于她。朋友 D 心灰意冷但还不至于彻底绝望，她依然会关注男神的动态并发出微弱信号，有时是在朋友圈点个赞，有时是一句看似不经意的群发节日问候，她像追捕猎物却永远未果，陷入习得性无助的困兽，放弃了进攻，但仍会守株待兔。

这是一个备胎的冬天，心田荒芜，岁暮天寒。

春夏秋冬，四季轮回，所有备胎自轻自贱的终点都是如寒冬一般残忍的结局。但仍然有人奋不顾身，以为自己能够不在乎得失，即便得不到也愿意守候。在喜欢的人的专辑里，你目前还不是主打歌，但你还想做 B 面的第一首，至少还能得到一点用以自我安慰的存在感。这种不求回报的守护的确令人感动，但并不是只要付出就可能让对方多看你一眼。

被诱惑的追逐游戏

风那么冷，你受凉了，他也不会管你。你们若真是天造地设、命中注定的一对，根本无须你如此费尽周折；若是缘分尚浅，还需要努力，那你这般付出也总有出头之日。可是你守候的他一会儿把你捧在手心，一会儿又把你抛诸脑后，给你希望，旋即便让你失望。也有那么几次，你就要认输了，就要承认自己得不到了，可是他随意抛出一个示好的眼神，你就又心甘情愿跑回他的温柔陷阱当中。

这个温柔陷阱就是他设置的心理游戏，这个游戏的玩法就是追逐。 你在后面穷追猛打的时候，那个你喜欢的人拼命地躲藏，而你一旦要停下脚步，准备按下"Esc键"结束游戏的时候，他便会立刻开始扮演追逐者的角色，反跑过来挽留你，阻止你撤退。他是玩家，而你不过是陪练。

有一部电影叫《独自等待》，讲的就是李冰冰饰演的女主和夏雨饰演的备胎的心理游戏。备胎向女主要电话，女主不给，但要了备胎的电话，拒绝中又有接纳的意思，让备胎抱有女主会联系自己的希望；备胎被女主冷落了一段时日正准备放弃追求，谁知道女主解释自己很忙并表达思念，备胎立刻精神抖擞，觉得是自己不够包容大度，准备加强攻势；备胎送女主糖纸叠的戒指表忠心，女主不以为然，备胎受挫，女主又在不经意间送备胎一支钢笔，这一次备胎又"合理"地误会了女主的心意，以为自己离被女主接受又近了一步。你进他退，你退他进，若即若离，这是一场拉锯式的心理游戏，支撑它继续下去的动力，一面是备胎的不甘心和爱意，一面是被追求者的贪得无厌。

做别人的备胎，是有竞争进化规则在其中起作用的。一方面，人类会出于本能搜寻所有潜在配偶，找到最适合自己的；另一方面，进化心理学又显示，一个长期稳定的配偶更有利于抚养后代长大。一面是人类本质上无法停止追求更多的欲望，一面是婚恋关系的排他性和唯一性，在这种客观矛盾和内心冲突中，备胎是夹缝中的产物，是缓解被追求者内心冲突的最佳人选。因为他们既不明显逾矩，没有从根本上违背婚恋关系的准则，又满足了自己寻求更多爱和欲望的本能需求。与此同时，也实现了人类在亲密关系当中所追求的收益最大化和付出最小化。这对于备胎来说何其不公。

在这段关系当中，备胎们损伤了自己。如果备胎们愿意抬高自己，也可以说一句："谁没有甘愿为了爱情丢掉自尊呢？"可是词典里的定义都指明，爱情是指两个人之间的情感，而单方面的一腔热忱只是单恋而已，这值得舍弃自尊吗？更何况，这种损伤绝不只是体现在这一段关系当中。长此以往，备胎们很容易养成一种备胎思维：不去追求正确和值得的人和事，极易陷入精神内耗的状态当中，因为他们习惯了无条件地付出、忍让，习惯了被伤害自尊、自信和情感。

这种模式也体现在生活当中的方方面面，就像塞利格曼实验中的狗，它们只要想逃出笼子就会遭受电击，用不了几次，狗便不再试图挣扎逃生，只会习惯性地接受囚困和伤害。

判断任何一段关系的好坏，包括亲情、爱情、友情等，最根

本也是最基本的标准就是它是否给你带来成长。备胎在这段关系中，自身成长被阻滞，无法进步，甚至无法像以前一样自爱和自信。真正可怕的不是得不到你爱的人，而是失掉了相信人生美好、值得追求的信念。做备胎的感觉像尖刀刺进皮肤，有锥心的痛感，也像海绵泡进水里，吸走你所有的情感和精神。称它为毒药也不为过，人有时能在痛苦中得到快感，但是再快乐，它也是不健康的。

不做替补，才有春天

我见最悲凉的备胎人物是钟离春，因为相貌丑陋，戏剧里给她起了个别号，叫"钟无艳"。她虽不艳丽，但才华出众，被齐宣王立为王后，可这一切不过是为了彰显君王不贪美貌，同时又能让钟无艳辅佐政事。在大部分时间里，齐宣王并不关心国事，耽于声色，宠幸一个叫夏迎春的美艳妃子。后来这段故事在坊间流传并被改编为戏曲，便有了"有事钟无艳，无事夏迎春"的典故。钟无艳纵然已贵为王后，治国有道，被后人传颂至今，却也难逃不得齐宣王的爱而沦为备胎的境地。而现在的备胎又何尝不是现代版钟无艳呢？跟喜欢的人唯一的联系，就是待他有事召唤，奋不顾身地送去安慰和鼓励，而若他无事可求，陪伴在侧的绝不是你。

林夕的词写得戳人痛处："我痛恨成熟到不要你望着我流泪，但漂亮笑下去，仿佛冬天饮雪水。"历史无法改写，但备胎的人生还有转折的机会，该在适当的时候从候补区退场了。**让你的单恋早点跨越这片没有灯火的荒原，继续驰骋到辽阔地带吧，那里灯火通明，有更多可能。**

⑦ 课题分离："我很重要"，可能是一种幻觉

我经常收到大家的提问，这些提问虽然不是一模一样，但我总能发现其中的共同点。这些共同点可以给很多人启发，即便是没有来提问的你，我想也会感同身受。

先说几个真实的案例。

读者甲：和女朋友在广州合伙开工作室，刚刚发展起来，父母对他抱有很大的期待，希望他回老家，因为家里开了一个小公司，要他回来适应公司业务，之后继承这份家业。

他很纠结，他感激父母从小到大给他提供的好生活，不想辜负父母的期待，但是他对家里的公司业务不感兴趣，也不想回老家发展；他很喜欢在广州创建的工作室，也很努力，不想让女朋友失望，但他对未来没把握，没有信心。

眼下，他陷入了两难，既想让父母满意，也想实现自己的梦想，不辜负女朋友的期望。他说："无论怎么选，都会对不起其中一方。"

读者乙：家中长女，弟弟今年忽然生重病，她只好辞掉工作

回家照顾弟弟。她的未婚夫刚刚通过了国外读博的申请，希望她能去陪读，也在国外找个工作，稳定后结婚。

她同样很无措，既不能置生病的弟弟于不顾，也不想让未婚夫一个人去国外，害怕他误会她的心意，感情变淡。她说："感觉自己很没用，无法兼顾，要么牺牲亲情，要么牺牲爱情。"

错误的自我定位，令你疲惫

这两个人的相似之处是看上去都处在两难的困境中，看似都需要理智分析利弊、权衡得失，但这其实不是最关键的。提问者讲述经历的角度往往能暴露更真实的问题，真正需要解开的是他们藏在语言背后的心结。

读者甲说"对不起"，读者乙感觉自己"很没用"，这类用词其实包含了一种权力结构，这暗示着他们都在人际关系里把自己定义为"主导者"，是更有权力、力量和掌控能力的人。直白地说，他们认为自己很重要，重要到非他们不可。家庭的难题只有他们能解决，只有他们的行动才能改变一切。正因如此，当他们无法解决问题时，才会说"对不起"，才会感觉自己"很没用"。

他们的确无助、纠结，但并不是因为问题本身，而是因为他们对自己的错误定位。在他们看来，只有自己才能完美地解决问题，他们认为自己无所不能。所以，他们犹豫、痛苦的程度早就超过了难题本身带来的痛苦，他们是为自己的无力、无能感到悲哀。

谁都希望自己是重要的、关键的、有价值的、有能力的，谁都渴望通过自己的决定和行动给在乎的人带来帮助，解决他们的问题，但是当有人认为自己是唯一的、最重要的那个人时，是在给自己和他人制造麻烦。既是在给自己施压，也在否定他人存在的意义。

　　如果有朋友跟你倾诉类似的烦恼，你会很容易被这样的人带偏，觉得问题就是很难解决，好像选 A 或选 B 都是错的。这道题没有什么正确选项，如果你企图在 A 和 B 中分析出一个最佳选择，就被他的"我是唯一能解决问题的人"这个预设蒙蔽了。现实生活是复杂的，但正因为复杂，选项其实还有很多。因为把自己想得太过重要，所以只能看到 A 和 B。

　　回到问题本身，读者甲既不想辜负父母，也不想让女朋友失望，当他自己认定自己是扭转局面的决定性因素时，他就看不到其他的可能性。但实际上，父母的公司有没有可能找亲戚或其他人帮忙？跟女朋友合开的工作室有没有备选的其他合伙人可以参与，或者有没有可能先暂缓考虑这个问题，等工作室再发展两年看看情况，让时间来说话？

　　读者乙的困境也一样，弟弟需要人照顾，那父母可以照顾吗？其他亲戚可以帮忙照顾吗？有没有可能雇保姆或者护工？未婚夫去国外读博，有没有可能先接受暂时的异地，他也是一个独立的个体，他也能照顾自己吧？

我并不是说这些解决方式一定比 A 和 B 更好，但只有保持开放的思路，才不会受制于有限的答案，才能看清真相：你虽然重要，但重要不等于非你不可；你很关键，但关键不代表你是唯一；你很有用，但有用不意味着无所不能。

善待自己，放下"原罪"

我身边就有这样的朋友，他们在工作中是最能冲锋陷阵的那一个，即便是团队作战，他们也不放心让别人去做事，碰到困难，他们觉得自己是唯一能搞定的人。生活当中也是如此，总会把跟恋人遇到的问题都归结到自己身上，甚至恋人对工作不满意，他们都觉得是自己没有帮恋人做好职业规划。

他们之所以会急于把问题都背在自己身上，并非是因为他们过去成功地解决了很多难题，而是源于一种不必要的"负罪感"。他们认为一切不好的结果都是因自己而起，他们的存在就是"原罪"。

故事的第一章都是相似的，他们的家庭给了他们"负罪"的理由，比如父母之间的争吵总会波及孩子，父母总会希望孩子可以缓解家庭矛盾。有些家长可能说过"要不是你，我们早离婚了""你争点气，好好读书，以后赚大钱才能不过苦日子""你表现好点，别让爷爷奶奶只宠其他小孩"，这些"激励"的语言其实是父母在把自己的焦虑传递给孩子。

你以为成年后的焦虑都是源于现实原因吗？不，**很多人在很**

小的时候就已经开始焦虑了，早就习得了把压力和问题背在自己身上。他们认为父母不合是因为自己不够好，没让父母在亲戚面前抬起头来是自己不争气，随之产生的内疚不断发酵，从儿时的"罪魁祸首"演化到长大后的"中流砥柱"，他们始终背负着整个家族的沉重"使命"。过去的经历并没有让他们看到自己的局限性和渺小，他们也害怕被别人看到自己无能为力，于是拼命地用防御机制掩盖和补偿，用认定自己重要和无所不能来虚张声势，自欺欺人。

可是遇到问题的时候，还是要面对现实。梳理过去的经历不一定能直接解决困扰，但是它能让人看清真相，理解过去的自己，用信心和勇气去解开现在的心结。

你要明白，那些总是认定自己重要到无可替代的想法，看似能激发动力，鞭策自己做出改变，但因为会在现实里处处碰壁，反而会挫伤斗志。它是具有腐蚀性的，这种想法所带来的焦虑和无助会传染给其他人，也会让周围的人不自觉地认为他们不必承担压力，他们可以推卸责任，最后大家的难题变成了一个人的难题。所以，那些扛在肩上的原本属于别人的负担，该卸下来了。要学会善待自己，要在两难的抉择中看到更多可能的选项，你不是所有人的答案，你只是自己的答案。

8 恐惧爱情：有时候无法恋爱，也许并不关爱情什么事

看过下面这种观点吗？

"如果他喜欢你，就不会暧昧不清；如果他不再联系你，别为他找其他理由，他只是没那么喜欢你。"总之，无论他是不主动联系你、他莫名消失、他现在不想跟你结婚、他跟你长期暧昧没确定关系，结论都只有一个——他没那么喜欢你。

这是电影《他没那么喜欢你》里传递的观点，我二十岁出头的时候也被这个观点蒙蔽过。但凡对方没有做到我以为的爱的举动，我就会一棒子把他击倒在恋爱的门前，打死也不让进门。这一棒子就是前面提到的那种顽固的思维——不允许别人做任何不符合的预期的事，只要"做了，就是不够喜欢我，他就没资格跟我恋爱"。

也不止我一人把这种观念当作金科玉律，我身边的姑娘们也曾陷入这种思维里不愿自拔。上周我在咖啡馆不小心听到邻桌的姑娘聊天，也是同一个路数，一方痛斥男友各种不好，另一方听完自信又煞有介事地告诉她："你知道吗？原因很简单，他就是没那么喜欢你。"

我们残忍地不谈人性，不谈生活的苦，不去关照对方的经历，也不愿去仔细想一想为什么，直接简单粗暴地认定"他不爱你"，就轻松否定了这个男人所有的付出，就连那些曾让你感觉到爱意

的回忆，也被你认定不过是逢场作戏。好像一旦认同"他不爱你"，就可以证明你的恋爱理论——他爱你，他的一切行动都要按照你的期望；他爱你，他就不能做任何让你感到失望的事情。

如果你真的坚信，一切爱情烦恼的背后都是因为"他不够爱你"，你最好一辈子都别谈恋爱、结婚，因为你一定会失望。这个世界上并不存在满足恋爱公式的男人。再爱你的人也不可避免地会让你有失落、伤心、不满的瞬间，因为每个人都是独特的个体，丰富、多面，不能因为某一句话、某一个举动就以偏概全。

下面分享几个案例。

1. 徐斌

我上学时在展会兼职认识了一个男孩。站展会这种兼职，除了赚点钱，能学习到的东西并不多。女孩穿着高跟鞋、紧身短裙，保持微笑站一天的酬劳只有 150 元，只做问询解答和搬运工作的男孩一天只有 80 元。我们都是为钱而来，但我们有不一样的理由，我是想赚生活费，这个男孩是为了养家糊口，他还有一个上高中的弟弟等他来养。

这个男孩叫徐斌，出生在大山里，是当年那个山村里唯一一个能来北京上大学的佼佼者。为了让他上学，爸妈外出打工，春节都舍不得买票回家，而他又当爹又当妈，负起照顾弟弟的责任。然而考上大学并不是终点，而是偿还助学贷款的开始，是承担弟弟上学开销的开始。来到北京，徐斌在宿舍放下行李的下一分钟，就开始四处打听哪里可以打工赚钱。徐斌长得很不错，有点山里人的质朴和羞涩，浑身上下透着一股勤奋努力的劲儿。不是没有女孩子喜欢他，他也有过心动的对象，只可惜徐斌是一个有着沉重故事的男同学。他支付不了恋爱的种种开销，除了还自己的助学贷款，还要定期给弟弟寄钱。他在大学三年里又长高了5厘米，那条被浆洗得发白的牛仔长裤变成了裤脚悬空的九分裤，风一吹到赤裸的脚踝，就会忍不住打寒颤。暴露在现实这股强劲冷风下的，不只是徐斌的脚踝，还有他敏感易碎的自尊心。

徐斌上大二时爱过一个姑娘，虽然表白方式拙劣，但还是虏获了芳心。他们像所有校园情侣一样，一起上自习，一起去食堂吃饭。徐斌从自己三餐里省钱，硬生生每个月都挤出了一点钱给女朋友买一大堆零食。

寒假后就是女朋友的生日了，徐斌犯了难。春节他没回家，在北京的百货商场打工，穿上玩偶的衣服，戴上可爱的玩偶面具，跟来往购物的人合照，吸引他们来买促销商品。徐斌说那年是狗年，他演了一星期的小狗，就为了在女朋友生日那一天，他能送一份礼物，摇摇尾巴，等她的笑。寒假里他不怎么给女朋友打电话，要知道，当时北京用手机打长途电话，一分钟要6角，打10分钟，徐斌就得挨饿一天。工作很累，但是一想到她，他就能忍耐下去。女友生日时，徐斌送了一份厚礼，至少对于当时的他来说是份厚礼。

女朋友得知他为了这份礼物，大年初一还晃荡在北京街头，难过得哭了。女朋友提了分手，不是不喜欢，而是不忍，这份喜欢太沉重，她穿在身上的不只是一件崭新的呢子大衣，更是徐斌沉甸甸的心血。这份沉重压得他们谁都喘不过气来。后来，徐斌就不再想恋爱了。在他还不能负担得起的时候，他想独自承受这份沉重。不是没有人愿意同他共苦，只是他更希望跟爱人一起分享爱情的甜，而不是两个人一起捉襟见肘，为了下一顿吃什么发愁。

如今的徐斌已经不是当年那个为了下个月的生活费苦恼的少年了，弟弟已经大学毕业，父母回家赡养老人，他在天津买了房、买了车，按部就班地还贷，一切都稳定下来的时候，却还是没有谈恋爱。说起婚恋问题，他还是有挥不去的焦虑，他不知道究竟要赚多少钱才能让内心有充足的安全感，才能让一段感情不再沉重。他指指窗外来来往往的女孩子坚定地说："我想让我今后的爱人也这样脚步轻盈，可以大胆走向自己想去的地方，等我不再需要跟爱人一起承担经济压力的时候，我再爱。"

2. 小马

前些年微电影特别火的时候，我看过罗永浩拍的一部《幸福59厘米之小马》的微电影，至今难忘。男主角叫小马，是一个30岁的未婚青年，也是一个摇滚乐手，有很多人喜欢他，他却从不接受他们的示爱。他喜欢摇滚青年不该喜欢的一切，比如老人、孩子和狗，他喜欢科普书籍，对这个世界一直保持着好奇。在摇滚圈里看似浑不凛是最好的混圈儿方式，但小马一直洁身自好，被灌醉了酒也能保持最后的清醒。

科学研究发现，人这一生遇到真爱的概率是二十八万分之一，这比偶然事件的概率还低的情况，也许一辈子都不会发生在自己身上。小马说，一个男人跟一个女人做爱之后大多只有两种反应，一种是不想理她，一种是想把她踹下床，但如果出现了第三种——想拥她入睡，那么可能这个男人是遇到真爱了，即那个二十八万分之一。小马遇到了江婷，他的英语培训老师，一位有知识分子气质的美女。他的才华和谦和都在约会时派上了用场，最后成功抱得美人归。

江婷就是小马遇到的那二十八万分之一，他想温存过后拥她入怀一起迎接天亮，但是小马做不到。小马有成人夜尿症，他在太阳落山前就要停止喝水，可是一到深夜入梦，有些事情还是无法控制。在感受到那潮湿冰冷的绝望之前，他也能像正常人一样享受昏睡的幸福，但第二天的早晨他总会毫无意外地醒在濡湿的床单上。虽然这种病没有什么值得嘲笑的，但男人怎么会好意思对心爱的女人说，对不起，我尿床了，并且我会天天尿床。那会是一种怎样的尴尬和羞愧？

俄罗斯人安德烈·齐卡提罗（Andrei Chikatilo）也是夜尿症患者，因为被他人嘲笑，他成为一个变态杀人狂，杀害了

53 个人。小马没成为杀人狂,但他一次又一次亲手杀死了自己的爱情。他不想被别人发现他有夜尿症,一次次在半夜温存过后离开或把女朋友赶出家门。

长期的稳定关系对小马来说是不可能完成的任务,更不要说结婚了,女朋友肯定也会疑惑:"为什么这个男人总是无法跟自己同床共枕,他是不是不爱我?"只有在还不需要睡觉作为恋爱必备活动的中学时代,小马才有过长期稳定的恋情。这些年,他就只能跟来去匆匆的姑娘睡上一觉,没有机会好好相处。可是江婷不一样,她是小马想要守护的女人。他做出了努力,给江婷配了家门钥匙,打算共同面对问题的时候,江婷却先离开了。

如果这一生你都没有遇到那二十八万分之一,也会觉得这没什么了不起的,可是一旦尝到了甜头,就会满脑子都想着这件事。小马最终还是忍耐不了相思之苦,决定找江婷坦白一切。跟江婷温存过后,小马没有选择离开,他睁着眼,等待着天亮。电影到这里戛然而止,结局让人遐思。我想象着早晨起来之后小马跟江婷解释的画面,当一个男人把他最难以启齿的秘密告诉恋人时,究竟有着什么样的心情。有时候不敢爱,不敢面对,是太害怕失去,害怕失掉自尊也换不回爱人。

3. 常先生

以前在北京宇宙中心聚会群里认识了常先生,他有才情又多金，迷倒了很多群里的女孩。据说他单身两年了，可是谁都不信，有这么优秀的条件还单身，要么就是"乱花渐欲迷人眼"，挑不过来，要么就是花花公子没有固定伴侣，百花丛中走，片叶不沾身。群里没有一个姑娘敢向他直接示好，看过他前女友的照片之后更是没有人敢靠近，前女友这种让人恶向胆边生的生物，只要存在过，就能让人心生妒恨，更何况她还是一个真正的"白富美"。

我看过常先生写的很多日志，篇篇充斥着对过去的怀恋和对现实的无奈。他既因为忘不了旧爱，又因为现实中无人可爱而悲伤。他对我说，有时候女人比你想象的还复杂，她们在恋爱前就设定了条条框框。你要帅，又不能太帅；你要有钱，但也不能太有钱；你要有才，又不能太有才，一旦超出她们的标准太多，她们就担心你会变成光芒普照的太阳，会有很多女孩围在你的身旁。还有一些女人的靠近和取悦，并不是因为真的爱他，而是只爱他的光环。当带他去跟朋友聚会或走在街上被别人羡慕时，她们觉得有面子，这可以满足她们的虚荣心。还有的女人仅仅是旅途过客，在这个站台候车，急匆匆奔赴下一段旅程，他不是她的终点，她们只是通过一个又一个男人来填充自己的人生，自己也不知道自己要什么。

常先生也渴望遇见与自己真心相爱的恋人，却发现连自己都不够诚恳。他爱过的前女友在他身边从涉世未深的小女孩出落成亭亭玉立的轻熟女，最后却变了心。他从未想过他还会娶别人，他没想过见证彼此成长的青梅竹马最终成了伤他最深的一个人，他害怕面对告别和背叛，不再相信世界上还有矢志不渝的爱情。面对追求者的踌躇不定、猜忌试探，常先生看不到真诚，他也不愿拿出自己的真诚。于是他过起了封闭自己的日子，成了女人口中的暖男或渣男。别人对他好，他也对别人好；别人不靠近，他也不会主动靠近，他不承诺什么，也不保证什么。他看着经过身旁的女人在自己身上索取着短暂的安全感、膨胀的虚荣心以及自以为是的爱意，仅此而已。他不愿让任何人真正参与到自己的生活当中，拒绝被任何暖意和涟漪融化、打破好不容易筑起的冰冷和宁静，觉得你来我往是无趣至极的事，也不再相信别人了。因为体会过被放在心尖上，后来登高跌重，知道再摔一次会粉身碎骨，于是爱不起来了，就想给自己留个全尸。

爱情现如今是让他恶心的词，他却并不为此感到遗憾。有时候男人不能恋爱，是还没办法自我疗愈，也遇不到愿意疗愈他的人。

日剧《我无法恋爱的理由》讲述了三个 20 岁左右的日本姑娘的恋爱故事。一个因为嫌麻烦只想追求事业而不想谈恋爱，一个从来没有真正喜欢过别人而无法谈恋爱，还有一个因为害羞、畏首畏尾而无法开始恋爱。真是一部有趣又生动写实的都市爱情剧，演出了很多适婚女性的喜怒哀愁，让当时的我沉醉了许久。

最近又翻出来重温过，不禁感叹果真人在不同年龄段看同一部剧会有不同的思考。以前只顾着抱怨男人、心疼自己，可是现在看来，无法恋爱的又何止女人呢？徐斌曾因物质匮乏而没有安全感，小马怀揣着难以启齿的隐疾以及敏感的自尊心，常先生有一颗被伤得体无完肤的心……还有故事之外千千万万的男人，或许他们有着意想不到的理由而无法开始恋爱。有时候无法恋爱，也许并不关爱情什么事。可是一旦恋爱，他们一定会把无数个不恋爱的理由偷偷掐灭在心里。一定需要穿透重重的犹豫和困难，他们才能留在你身边。我看着身边这个虽然笨拙到记错了纪念日却愿意跟我度过每一分每一秒的男人，终于决定不再那么轻易地对他说"你不爱我"。

第
五
章

击
碎
假
我

① 告别低自尊："丧"是最让人心碎的情绪体验

很多励志的口号都在不停地说：你值得拥有更爱你的人，你值得过上更好的人生。之所以要这么用力地强调，是因为我们不再轻易相信这些真的会发生。

丧，是低自尊的表现

《暗涌》的歌词里唱："害怕悲剧重演，我的命中注定，越美丽的东西我越不可碰。"这句歌词想必是很多人的真实内心写照，我们不敢企及更高的目标，不敢触碰更美好的生活，因为内心早就不再相信自己能成功、能过得更好，我们也不再相信自己能得到幸福。用时下的流行语来说，我们过得很"丧"，总是颓废又绝望，也没什么目标和希望，活着似乎只是为了活着，我们能躺着就不坐着，能坐着绝不站着，生活漫无目的，如同行尸走肉。

这种"丧"越流行，我们似乎越坦然，这个队伍越壮大，我们就越心安，好像"丧"成了我们的共性。可真相是，**"丧"不过是低自尊的表现**。一个人对于自我价值的判断、对于自我的总体评估代表了一个人的自尊水平。如果一个人总是对自己持比客观情况偏低的评价，那么无疑他是一个低自尊者。

大学时我在社团活动中认识一名校友，因为我们喜欢的音乐类型一样，所以一直都有来往。毕业那年，他是全班第一个找到工作的，不是因为他很优秀，而是因为他不挑，面试的第一家公司录取他之后，他就干脆没再看其他机会。他说这份工作挺好，能赚这些已经超出期望了，尽管他的工资水平在毕业生里算偏低的。毕业五年，同学们都不知道换了多少份工作，只有他还在原来的岗位，据说有猎头公司挖他跳槽，能升职能加薪，但都被他拒绝了。我曾问他，是因为实现财务自由了吗？还是对现在的工作很满意？他说，新工作肯定有更高的要求，自己水平有限，也没什么能力，胜任不了，还是算了吧。

感情上他也一直这样"不思进取"，几次兴奋地跟我说起喜欢上一个姑娘，最后都不了了之，不是追求失败，而是他压根就没采取任何行动，他说："我怕自己配不上。"他哪是觉得自己配不上一个好姑娘、一个好工作，他是觉得自己配不上任何好的东西。即便真的有一天，有一份好工作或有一个好姑娘降临在他面前，他也会觉得这不过是侥幸，即便他得到了，也会搞砸一切。他就是典型的低自尊者，低自尊的表现可不仅仅是害怕失败，最致命的是他们有一种根深蒂固的信念，就是"我不够好"。

低自尊的形成和表现

他们拒绝获得更好的生活的原因并非是那样的生活遥不可及、高不可攀，而是即便美好就在眼前唾手可得，他们也觉得自己不够好，配不上。每念及此，他们都会生出一种羞耻感，因为自己不够好而感到羞耻，因为自己没有跟美好的事物相匹配的价值而羞耻。尽管这种羞耻感并不客观，只是因低自尊而产生的，但仍被心理学家格森·考夫曼（Gershen Kaufman）称作"关于自我的一种最令人心碎的情绪体验"。

低自尊的人可能并没做错什么，甚至根本没做什么，对于他们而言，仅仅是"我不够好"的认知现状都足以让他们感到羞耻。这何尝不让人感到心碎呢？这种"我不够好""我不配"的信念绝不只是一时的矫情和低落，它会渗透在生活中，时刻影响着低自尊者的想法和行动。

低自尊的人不喜欢自己，也觉得没有人会喜欢自己。出于这种羞耻感，他们很难产生积极的情绪，他们既轻视自己，又会因为这种轻视而厌恶自己。连自己都不喜欢自己，他们更不认为会有人真正地爱自己。

低自尊的人对于负面评价异常敏感。他们执着于自身的缺点，更关注错误和失败，对于来自他人的评价，他们也会有夸大和扭曲的掌声——对赞扬视而不见，用批评以偏概全。不管得到多少人的赞赏，他们都会极力去捕捉不认同的声音，并对此耿耿于怀。

低自尊的人会有回避行为。他们既感受不到别人对自己的认同，也不相信会有人喜欢自己，他们觉得不如干脆就躲在安全地带，尽量回避可能给自己带来伤害的环境。

他们可能疏于与人交往，这并不是因为他们享受独处，他们只是在用这种方式保护自己，他们担心外界反馈给他们的是拒绝和否定，这会再次验证"我不够好""我不配"的消极信念。

低自尊的信念看似根深蒂固，但它并不是天生的。只是在人生早期阶段出现，有时会被误解为是天生的。低自尊跟童年的经历有关。长期生活在批评多于表扬的环境下的孩子得不到支持，渐渐不再相信自己值得被爱。他们的脑海里会形成很多等式：成绩好 = 被喜欢，守纪律 = 被表扬，当无法达到等式左边的标准，他们就给自己建立了新的等式：我 = 无价值。如果没有其他人能给孩子积极的关注和正向的肯定，这种思维方式会渐渐内化成"我不够好"的核心信念，至此，又一个低自尊的人产生了。

如何告别低自尊，重建内在自信？

提高自尊水平，也并非一朝一夕就能做到，这同样需要长时间的努力，正像低自尊形成的过程一样，是日积月累、不断强化的结果。

首先，承认它的存在。

很多低自尊者不愿意面对这种羞耻感，他们会否认"我不够好"的信念，把它隐藏得越深，就越是难以松动它的存在。意识到这种信念存在就是改变的开始，因为你不再是跟虚无的"丧"作战，而是有针对性地去改变这种以偏概全的不合理信念。

其次，学会区分。

"我不够好""我不配"和"这件事我做得不够好""我跟这个工作不匹配"是不一样的概念。

低自尊者时常模糊这两种概念的界限，因为某一件事上的挫败和失误彻底否定自己，这反而成了对错误信念的强化。当把客观的认知从"我不够好"的信念中剥离出来，你会发现，"我不够好"不过是个摇摇欲坠缺乏事实支撑的"假想法"。

最后，自我强化。

尽管一个人的低自尊源于童年没有得到无条件的爱，但成年之后也不必再去追寻同等形式的补偿，因为从他人身上寻找无条件的爱去填补缺失，这种动机本身就会促成伤害的发生。

你要做的是爱自己，给自己更多积极的关注。从过往经历和当下的生活当中找到成功和做得好的地方，你会发现，你的人生并没有被失败和"丧"填满，依然有很多闪光的时刻，而这是"我真的很好"的证据。

低自尊的"丧"并不是不治之症，回避问题才是，如果你已经意识到问题的存在，愿意付出努力去改变，未来的你值得更好的生活，或许现在的你其实也很好，只是你自己不知道。

❷ 习得性无助：嘴上总说"我不要"，可你的身心却很诚实

经常在电视剧里看到这样的桥段——

女生过生日，接连说了十几次不要送礼物，但若是男友把这话当真什么都没送，女生一定翻脸，或是像受了天大的委屈："我说'不要'，你还真的不送啊？你心里就是没有我！"

或者女生生病时，主动"懂事"地对男友说："你不要来看我了，我没事，你先忙工作。"如果男友听到这话就真的不去探望或者加班后再去，那就等待一场血雨腥风吧，女生会哭得梨花带雨指控男友不重视她，无视她的需求。

作为女性，这点兜兜转转的小心思我很能理解。明明想要，

但就是不开口表达，是矜持也好，委婉也罢，背后的核心意思都一样：我希望我无须开口，你就能懂我的需求，并能完美地满足我的需求。所以，很多人表达需求的方式都很拧巴，明明渴望对方的陪伴和爱，却要么绝口不提，要么干脆用否定和拒绝的方式来表达需求。

可现实生活中，即便是再默契的爱人和朋友，也总会有很多无法明白彼此的时刻，也会有不了解对方需求的经历。我们若是想让对方明白自己的想法，最简单直接的方式就是告诉他，而不是藏着、否认着。"我需要你"，其实不只是一句情话，它也是一种自信的表现。那些不敢说出口的需求，或者先推开、先拒绝的表达，可能是因为自卑。

你为什么害怕表达需求？

我们习惯把表达需求看成一种"自我不足"的表现，严重点说可能是（在某一方面）"无能"的象征，"需要别人"看上去是在表示我们不够强大，我们没有能力自给自足。明确地表达需求，会伤害自尊心，如果表达后对方没有理会，那会让我们的自信心再次退缩。

顺着自卑的心态延伸，还有人认为"表达需求—被满足需求"的互动模式让自己陷入了被动的、被控制的局面。在他们看来，一旦表达了需求，就相当于暴露了自己的弱点和缺陷，而对方满足自己的需求就像是在施恩，更加说明了自己在关系中的弱者地位，这是他们无法接受的。还有的人既敏感，又有较高的自尊水平，他们认为，真正愿意满足他们需求的人是不用他们开口的，而一旦开了口，对方就是在"要求"之下去满足自己的，这并不是出于真心实意，可能只是出于怜悯或同情。这种满足更像是乞讨而来的，不要也罢。

当然，无法合理地表达需求还可能是因为过往习得的经验，如果经历过需求多次被忽视、被拒绝，他们便会"习得性无助"，认为表达了需求也无济于事，不如一开始就否认自己的需求，他们害怕再次体验需求不被满足的失望。

表达无能，是安全感作祟

种种对表达需求这件事的复杂心思，背后的情绪都指向安全感低引起的恐惧。自卑的人安全感低，他们的恐惧是自己的缺点和不足被人看到，所以他们不敢表达需求，害怕在人际关系中处于弱势地位的人安全感低；他们的恐惧是这种被动的地位会带来控制、压力甚至伤害，所以他们不敢表达需求；敏感、高自尊的人安全感低，他们的恐惧是不能被平等、尊重地对待，所以他们不敢表达需求；习得性无助的人安全感低，他们的恐惧是被拒绝、被忽视，所以他们也不敢表达需求。这些恐惧不论来源于何处最终都指向自己，久而久之，这些对内的情绪没有及时得到处理，因受阻而无法流动，会不安分地转化成对外的情绪，恐惧会变成愤怒，担忧会变成指责。

我们会看到有人高高在上地指责对方做得不好、不对，但这个"不好"和"不对"是指什么呢？显然，衡量标准是自己的需求。需求没有被满足时，他们就会愤怒，会把情绪指向对方，用这种方式来提醒和表达"我需要""我想要"，这种愤怒的方式隐藏了内心的恐惧，同时也让自己显得不那么"弱势"。很多人评价用这种方式提需求的人太过蛮横跋扈，实际上这种傲慢并非为了显示自己高人一等的地位，这只是让他们在心里有一种"扳回一城"的感觉，为的是心理平衡。也有人会越过愤怒的阶段，直接进入无望的状态，他们似乎已经懒得去表达，而是会说自己并不需要，这虽然是一种自欺欺人，但是可以避免让他们面对不被满足的可能。

所以，一个无法合理表达需求的人，他的人际关系要么因为总是充满愤怒而长期处在紧张状态中，要么因为无望而拒绝互动，长此以往就会变得疏离淡漠。毕竟，人际关系就是在双方不断满足彼此需求的过程中建立和维系的。在表达需求上出了问题，是很难深入长久地建立亲密关系的。

如何合理表达需求？

无法合理表达需求的原因除了缺少方法，还有心理层面没有疏通这几道沟坎：

1. "需要"不是"无能"的表现

渴望爱和陪伴，需要照顾和关注，就像需要一杯水、一餐饭一样，都是合理而正当的，它并不意味着我们是有缺陷的，是无能的，而只是恰好在那个时刻，我们希望能加入些什么，让生活变得更好。

2. 区分"需要"和"要求"

说出口的需要只是一种信息的传达，它跟要求有本质的差别，前者是提出希望和建议，后者是命令和强制。**表达需求是权利，也是能力，不用背负太多的压力。**更不必假装自己完全可以自给自足，掩饰和逃避自己的真实需求只会让压抑的愿望给自己带来更多伤害。

3. 不要只是单向地看待需求

不必只盯着自己对他人的需求，良好的关系需要你来我往的互动，所以在向他人提出要求的时候，你也同样在不断满足别人的需求，你并不是一个处于弱势、总是有求于人的角色，你在需求交互的链条中是重要的一环。

4. 需求并不一定能被满足

表达需求的压力还来源于，我们太渴望它被满足，因此担心自己会失望。可实际上，所有需求都能得到满足不过是"玛丽苏"式的幻想，不被满足是常态，是偶然中的必然。不被满足的原因有很多，可能是对方的条件有限，可能是外部的情况不允许，这跟对方是否愿意满足你是两码事。

如果能明白这四件事，跨过这四道坎，不但能在人际关系层面更进一步，也能在自我成长上有所提升：因为一个真正内心强大的人，既可以直面真实的自我需求，勇敢地表达，同样也不会因被拒绝而感到失落。

③ 创伤的强迫性重复：难以自拔的畸形恋爱

什么是好的感情？能够让双方享受其中，且成为更好自己的关系。

双方都能既保持自由又能在关系里变得更好，这种爱情当然是最好的，但我们还是一次次被这种语句打动，因为在现实中想成为更好的自己太难了。往往我们在爱情里看到了彼此身上的不堪，最终两败俱伤，大多数的感情都没有让我们变得更好。相反，恋爱中的我们要么还是原来的自己，要么变得更加糟糕。所以，那个所谓的更好的自己显得尤为可贵，我们都渴望着，却都没得到。

为什么总是陷入畸形恋爱？

因为没遇到对的人？每次遇人不淑，我们都如此安慰自己，但下一次又像魔怔了一般扑向那个错误的怀抱。更难以解释的是，错误的怀抱总是错得如此相似，人总是反复被同一块石头绊倒。我们身边的人或者自己可能就有过类似的遭遇，历任男友都很渣，他们有着惊人的一致性，要么都出轨，要么都擅长使用冷暴力。他们像是批量生产的，又分次投放到我们的恋爱旅程中，后来我们渐渐开始怀疑，是不是自己也有些问题？

我参加咨询督导会的时候，听过其他咨询师分享了一个案例，女来访者谈了三段恋爱，有被动成为第三者的经历，也有过主动插足的经历，可以说她是个"惯犯"。每次都是她主动结束难堪的关系，她自述非常痛苦："好像经常会被有家室的男人吸引，每次都莫名其妙卷进了三角恋中。"

第三者的身份自然该被唾弃，但是当这种关系模式多次重复出现，背后一定有更深层的原因。就像很多人明明知道该远离渣男，却又会再一次爱上。**她们是在一次次复刻过去经历的痛苦，是一种创伤的强迫性重复。**

咨询案例中的女来访者，她的母亲身体虚弱，她出生之后母亲曾长时间卧床养病，这导致她的父亲一直迁怒于她，把母亲的病怪罪到她头上。成年之前，她在家庭中感受到了一种非常矛盾的关系，她既被父亲忽视着，但又能感觉到父亲是爱她的，父亲的反复无常无疑给她的成长带来了痛苦。成年后，她一次次成为恋爱关系中的第三者，重演她在原生家庭中发生的故事，她既被爱着，又被忽视着，对方既不愿意放弃她又不能给她完整的爱。

创伤的强迫性重复

"一朝被蛇咬，十年怕井绳。"这句话在生活中很有道理，在情感中却恰恰相反，我们虽真切经历了创伤，感受到了痛苦，但是如果我们没有给过去遭受的创伤和痛苦一个合理的解释，潜意识就会不停地驱动我们去相似的关系里寻找答案。

为什么父亲对她有如此矛盾的感情？为什么她不能得到完整的爱？这些疑问没有在过去得到解答和释怀，她便希望在未来完结和平复。这种未竟的心情中还隐含着一种期望——说不定受过的伤会在这一次恋爱里愈合，没有得到完整的爱的缺憾会在这一段关系中弥补，她想得到的不是眼前人，而是报复父亲的快感："你看，你没有给我的，我还是得到了。"

这种不甘会一直埋在心里，蠢蠢欲动，看似是命运捉弄，才让一个人总是遇到给自己带来伤害的人，**但实际上是她自己在通过不断地重复过去的创伤，来实现自己的愿望——获得关注和爱，试图补偿自己过去的缺失。**

我很喜欢电影《被嫌弃的松子的一生》，主角松子就是强迫性重复创伤的典型代表。松子总是遇到不珍惜她的男人，奋不顾身地投入其中，哪怕她极尽所能去取悦他们，也总是无法得到温暖而诚恳的爱，这就是她跟父亲关系的重演。生病的妹妹"争夺"

了父亲大部分的关注和爱，父亲对松子总是冷漠而疏离，偶然一次松子扮鬼脸逗笑了父亲，这让她习得了一件事——扭曲自己去迎合和取悦父亲，才能得到父亲的喜爱。长大之后的松子，对待爱情的态度也是如出一辙："无论你怎样待我，我都会给你最热烈的爱，哪怕这让我失去自己"。

松子式的恋人，只会爱上给自己带来伤害的人，在某种程度上这算是一种"自虐"，那为何他们不能改变这种重复性的错误呢？

除了想要释怀，弥补缺失的爱，另一个原因是，他们已经在过去的关系里形成了一种认知和行为模式，并习惯性地用这种方式来保护自己， 它算是一种防御机制。就像面对冲突时，有人会躲避，有人会从正面迎击，还有人会假装冲突不存在，每个人都有自己的应对方式，其本质都是在保护自己。哪怕它有时不合时宜，但因为习惯，我们并不总是能意识到需要改变。所以一个人爱上的那个人，一定是在某种程度上迎合了他的习惯，让他可以继续用习惯的方式去面对自己和对方。

改变的痛苦是一阵子，错误感情的痛苦是一辈子

所以，"让我们在感情里成为更好的自己、更自由的自己"只是一种理想化的愿望。在现实里，我们选择伴侣的前提是保证自己的生活节奏不被打乱，不需改变惯常的应对方式，这更像是一种本能。

如果一个人毫无安全感又多疑，她总是会爱上对她若即若离的人，她会通过不停地试探和询问，去确认对方是否爱自己，试探和询问就是她熟悉的应对方式。如果遇到了一个跟她一样的人，她的应对方式就毫无用武之地，这反而会让她更加惶恐，因为当防御机制无法起作用，她觉得无法保护自己，更不安全。

　　这样的恋爱关系当然是痛苦的，但我们每个人内心都深藏着另一种恐惧——改变自己的应对方式，那是更大的痛苦，于是我们早在每段关系开始前，就做出了"最佳选择"，既然都是痛苦，那不如选择一个更轻量级的、更熟悉的痛苦，所以一次次爱上那些本应该远离的人。

　　有没有可能在恋爱里成为更好的自己？当然有，但前提是意识到自己的恋爱一次次失败的原因，找出自己究竟在恋爱中在补偿什么、寻找什么，以及那些过去的应对方式是否合理。

　　改变当然是痛苦的事，但这种痛苦只会持续一阵子，继续错误的感情可能令人痛苦一辈子。是自欺欺人地活，还是奔向更好的自己，并不取决于遇到了什么样的人，而在于自己到底想做怎样的人。

跟原生家庭的较量：有多少人正在用谈恋爱的心态跟父母相处？

我的一位好朋友决定换个行业工作，主动降薪从零开始，她自己倒是不觉得辛苦，毕竟追梦从来不怕晚。但她妈看不下去，最近频繁念叨要她转回老本行，工作稳定，薪酬丰厚，再找个同样靠谱的老公，踏踏实实地过日子。

她当然是不会听从父母安排的，但也实在受不了母亲的唠叨，冲家里喊话："我做不到你们要求的靠谱！"之后就摔门而去。

紧跟着就发了一条朋友圈动态，一杯酒的照片配一句话："父母为什么就是不能接受我的选择呢？"我看到几位共同好友在评论区里聊了起来，关心之余吐起了苦水，都是而立之年的成熟男女了，面对跟父母之间的矛盾，还是会一秒钟变成无助的小孩。**从法律意义上独立了十几年，但似乎从未在父母那里得到过独立的许可。**

我在"将军知道"这个栏目里也频繁看到关于跟父母关系的困惑，为人子女，我太了解那些失望和烦恼了。

站在"战友"的角度，我发自心底地明白想要呐喊的冲动：为什么父母就是不能像我们想的那样呢？为什么他们不能接受这样的我呢？为什么他们总想改造我呢？但估计父母也会为此烦恼，说不定在跳广场舞的休息间隙，也会跟老闺密吐槽，为什么闺女就是不能像我想的那样呢？为什么儿子就不能接受我的建议呢？为什么子女这么不听话呢？

相爱相杀的关系

其实作为子女，你在苦恼父母不理解你的选择的时候，其实你跟父母犯了同样的"错误"——你也没有接受父母的观点，你不但想改变他们，还想让他们听话，你也很顽固啊！像我的那位朋友，她觉得父母就该试着理解和接纳她的"不靠谱"，可是她也没有试着理解和接纳他们的"靠谱"和"追求安稳"啊！自己做不到优秀的女儿，就别跳着脚要求父母优秀了好吗？

可能是因为看了太多感人至极的亲情故事和歌颂父爱母爱的艺术作品，我们对父母的期望值变得越来越高，衡量父母是否优秀的标准也越来越严苛，普通的父爱母爱满足不了我们了，一切都要向爱的最高级看齐。

朋友的父母掏出多年积蓄支持他创业，我们觉得这才是真正的父爱母爱；表姐的父母在婚前就给她准备好了丰厚的嫁妆，我们觉得这才是父母应该做的；从小到大最讨厌听到"别人的孩子"，现在我们却总盯着"别人的父母"。

不要总是拿"极限"去衡量"常态"，我们大多数人都是正态分布里居中的那部分样本，并不是所有父母都能像从影视作品中走出来的一样，我们不是出类拔萃的子女，也没有组成相亲相爱的大家庭，或许以后也不会。我们跟父母既爱着彼此，又不停伤害对方，有很多解决不了的矛盾，也有一家人共渡难关的经历，我们会争吵，会拌嘴，谁都会失望，但其中的原因从来不是单方面造成的。父母有问题，而我们也并不无辜。

不要总是理直气壮地觉得生养我们的父母就应该理解我们，无论我们做什么，他们都要给我们想要的支持和安慰。既然都是成年人了，凭什么父母就要退一步让着我们？成年人要明白一件事，这世间所有的关系都是千疮百孔，即便是父母，他们的人生任务也不是爱得让子女满意。

好的原生关系是疏而不离

问题恰恰就出现在这里，我们并没有掌握在成年后跟父母相处的秘籍，很多人拿谈恋爱的心态在跟父母"较量"，种种要求和标准越来越高。既要求父母跟自己三观一致，又渴望他们无微不至，只要稍微不顺心，就立刻给他们扣上一个"不爱我"的帽子，让他们做父母比做恋人还累，毕竟他们已经一把年纪。

虽然父母和恋人都是给予爱的人，但这两种爱的方式和相处模式却完全不一样。从家庭系统理论来说，共度一生的人才是最亲密的，恋人处于系统最核心的位置，所以对另一半有更高级的情感需求是合理的，要有一样的价值观、相似的人生目标要能互相适应彼此的生活方式，互相包容，这些都非常正常，因为这些是爱情能继续发展的根基。

正因为是要共度一生的伴侣，"伴"字已经足以说明伴侣之间对于关系质量有更高的标准，所以，找什么样的工作、选择什么样的生活方式、做什么样的人甚至可能几点睡觉、几点起床这样具体的问题，都需要达成一致，至少是能互相包容。但父母不一样，**成年后，子女跟父母的关系最核心的词应该是"放手"，而不是伴侣之间的"亲密"。**

子女要学会独立生活，建立自己的家庭，父母也要重新适应空巢，找回自己的生活，子女和父母的关系本质上是在渐行渐远，而此时要求彼此像伴侣那样，本身就违背了关系内核的要求。

渐行渐远是给子女时间和空间去开启自己的人生，成年后子女要重新梳理跟父母的关系，不能再像从前那样依赖。子女的世界在变大，也只有渐行渐远才说明关系是健康的，子女有更大的人生范围要去探索，而不是继续围绕在父母身边。我们常吐槽的妈宝男、巨婴女，实际上就是他们没有与父母渐行渐远，他们和父母紧紧捆绑在一起，无法真正长大。

但"渐行渐远"跟疏离并不一样，渐行渐远不代表冷漠和毫无感情，子女和父母只是换了一种方式相处，依旧给予彼此适度的关爱和支持，但遵守彼此的界限。疏而不离，才是正确的相处方式。

不理解才是常态

所以，当你苦恼父母为什么不理解你的时候，想想你自己也没多理解他们，是不是感觉平衡多了？

其实，不理解才是常态，要出生在不同时代的人、有不同的成长经历的人彼此理解本就是一道高难度的题。如果需要恰如其分的共情和无条件的支持，去找另一半就好了，父母并没有这样的责任和义务。

把父母的不理解和不支持看成天大的事，并苦苦苛求不让彼此失望又皆大欢喜的相处，这才是让问题变复杂的原因。就像前面说的，我们跟父母的真实关系其实并不完美，我们既爱着彼此，又难免伤害对方，有解决不了的麻烦，也有一家人共渡难关的经历。

父母和子女之间注定矛盾重重，相爱相杀，如果我们明白这才是亲情本来的样子，就不会再计较那些不够理解不够包容的时刻了吧，因为哪怕不能互相理解，始终毫不怀疑地爱着彼此。

⑤ "巨婴"的爱情：这不是爱情，这是虐恋

我曾经在朋友圈里围观了一场隔空告白，这对情侣相恋两年，终于领证结婚。说起从相识到立下婚约的爱情点滴，两个人高度

一致地认为对方对自己特别好。

男生回忆女生总是准备好每一餐饭，总是能让他穿着熨好的衬衫上班。女生赶忙回应，她记得男生冒雨赶几十千米接她下班，半夜不管几点只要她饿就起床为她煮面。两个人都觉得这就是爱对了人，干脆趁着良辰吉日把好事落实，明年今日便是结婚纪念日。

朋友问我羡慕吗？我并不羡慕，把那对情侣的名字一换，那也是我曾经的恋爱故事。前任从没让我亲自系过鞋带，生理期的时候都是他为我准备红糖姜汤，而他每次出差的行李箱都由我收拾妥当，家里的东西放在哪里，他从来不知道，都是喊一声我来找。

曾经我也会不自觉地炫耀这样的爱情，直到有一次他出差给我打电话问有没有给他带换洗的裤子，被同事听到笑话我们说："这么大人了，怎么跟孩子似的，自己的东西都不知道自己准备好。"

要不是同事这句玩笑话，我可能一直都没有意识到我们的关系不是在遵照恋爱模式，更像是在延续小孩子跟家长的互动模式。

不成熟的成年人，不是缺爱，而是缺照顾

上幼儿园的时候，家长帮孩子准备好衣服，甚至帮孩子穿好；上小学的时候，铅笔是妈妈削的，书皮是爸爸包的；上中学后忙得没时间吃水果，妈妈剥好了橘子塞到孩子嘴里……总之，孩子的衣食住行都靠父母照顾，长大后，父母不在身旁，总觉得缺了点什么。很多人不是缺爱，而是缺照顾；不是缺伴侣，而是缺监

护人。我们习惯了被爱，而儿时父母的爱大多都体现在照顾上。所以，大多数恋爱和婚姻，与其说是靠爱维系，不如说是靠照顾来续命。

很多姑娘、小伙说起另一半的好，似乎也只有照顾这一个维度，翻翻朋友圈秀恩爱的事迹，几乎都是跨越千山万水送吃送喝。能拿得出手的感人的事情都像父母所为，洗衣做饭，喂药送伞，两个人互相感动，一拍即合认定这就是爱情，可是除了把彼此的衣食起居照顾妥当，这样的爱情还有没有能升华的地方？是不是真的能理解和体谅对方？是不是尊重各自的人生目标？是不是有高度的共鸣和默契？如果只停留在做彼此的保姆，搭伙过日子的阶段，说爱情这两个字还太早。

照顾是一种爱的方式，但它无法彻底取代爱的本来含义。在家庭中，家长往往专断独行，孩子只能听话，哪怕是年过半百的成年人，也始终被家长压制。

时间长了，这变成一种社会的集体无意识，在这种集体无意识里，每个人都是未成年，渴望照顾，渴望关注，而照顾和关注就应该从他人身上获得，每个人都需要一个"家长"。所以，从某种程度上来讲，大部分人的心理成熟度都很低，低到配不上拥有爱情。人们所谓的找伴侣，本质上可以说是男人在找妈，女人在找爸。

当一个人心理成熟程度还不高、独立性弱的时候，就会把被照顾的需求放在被爱的需求之上，而给予爱的那一方为了满足其需求，也会不自觉地被引导到这种模式之中，用照顾来代替爱。于是这便形成一个巨婴和一个老母亲／老父亲之间的彼此依赖，或者说一个当爸当妈，一个心安理得地接受，这不是爱情，是虐恋。

享受照顾的代价是允许被控制

你当然可以说，彼此照顾能维系关系就可以，何必那么较真？之所以说是虐恋，是因为在只用照顾来表达爱的婚恋关系当中，还有一个绕不开的元素，那就是控制。多个人照顾自己是好事，但也别忘了，亲生父母的照顾也不是无条件的，照顾是表象，控制是本质。这并不是说父母照顾子女的目的就是控制，但这种被控制的感觉是每个不得不依赖家长的孩子多少都体会过的。

正因为没有足够的成熟和独立，所以孩子在接受父母照顾的同时也要接受父母的管教，接受他们制定的规矩。孩子还有产生一种补偿心理：父母这么用心地照顾我，我自然要听话，要顺从他们。这种被照顾约等于被控制的畸形关系，也会在婚恋中重演，只有照顾没有其他或者说以照顾为主、其他次之的"爱情"中，接受对方照顾的个体其实也在无形中允许了自己被控制。

我们常听到有人情感绑架："我为你付出了这么多，我这么照顾你，你为什么还不听我的？"这句话暗示着一种可能，**在一个人像个孩子一样接受对方无微不至的照料的同时，也在允许对**

方像家长似的控制他的生活。又或者，一方是主动接受控制，在他看到对方全身心照料自己的时候，心甘情愿被掳走自我和自由，他在交换，在回报。但像家长一样照顾、控制着另一半的人也活得很辛苦，他们看似乐于奉献和付出，看似包容和强大，但实际上，他们是在用奉献和包容来逃避自我照顾和自我成长。一个人的时间和精力皆有限，过分投入照顾另一半的事业当中，很容易荒废了对自己的滋养。所以，这种虐恋让双方都失去了自我，但之所以还能继续，是因为双方都在这段关系当中满足了某种需求。"巨婴"得到了关注和照顾，"家长"得到了所谓的成就感。

亲密而独立，爱情才完整

照顾式的爱情注定是空洞、肤浅的，只停留在生活照顾层面，很难深入彼此的内心，缺乏真正的联结，关系便很容易松动。如果巨婴长大了，就会想要摆脱家长密不透风的照顾；如果家长疲惫了，就会想要逃避巨婴的无度索求。不打破这种虐恋，不但关系不能长久，对于个体来说，这也是精神内耗。

照顾和关怀当然必要，但只能是爱情的一个支流。相爱不在于把彼此照顾得有多好，而在于能不能在把自己照顾好的基础上，有更深层次的对彼此精神和人格的关照和影响。

真正的爱情一定发生在两个独立、成熟的个体之间，既互相依赖，也有各自的空间，简单地说，**别为了一起搭伙过日子互相**

照顾,而是要在情感上有联结,在关系上有依恋,在精神上有共鸣,在生活上有关心,这才是完整的爱情。

⑥ 尊重真我的内心需求:你想过自己可能会孤独终老吗?

你曾想过自己可能会孤独终老吗?

虽然以前也插科打诨自嘲过,可是当我有一天在饭桌上认真提问,朋友也认真回答之后,我觉得这个话题真的值得思索。

他的回答是:可能。

是啊,晃荡到奔三的年纪,相扶到老的那个人还没有出现,未来会不会出现也仍然是个未知数,按照概率来推测,真的有可能孤独终老。

当发现身边大多数人陆续都开始谈婚论嫁了,有的甚至已经生了二胎,我们也对自己的婚恋感到着急。跟未婚甚至单身的朋友们相聚,我总觉得大家头上都笼罩着一层乌云。这层乌云是一种群体性的焦虑,随时可能凝结成泪雨,从每个人的眼中流淌出来。有些人等不及了,面对 30 岁的关口,信誓旦旦地说一年内一定要结婚,壮志未酬誓不休。

我的一个朋友便是这样,磕磕绊绊多年的恋爱无疾而终、顶着来自各方的压力,终于在相亲大军里厮杀出一条血路,遇到了一个"可以结婚"的男人。痛饮庆功酒时，她一脸苦相地说，男朋友无非是个能搭伙过日子的人，各方面条件都很一般，谈不上喜欢，只是不讨厌，两个人也没什么可以深入交流的话题，只是相处下来觉得对方很老实，岁数也都不小了，就当互帮互助解决难题吧。用她的话说，凑合过。

我语塞，不知道该恭喜还是沉默。心里有个声音在问：你这么努力成为更好的自己，就是为了找个人将就过一生吗？

凭什么只能凑合？

从小爸妈教育你五讲四美、尊老爱幼；青春期时你的自我意识萌发，别人早恋、逃课你仍勤奋读书；到了大学你年年拿奖学金，积极参加社团活动；步入社会后你也从未止步，别人早就庆幸不用再读书了，可是你仍然热爱吸收知识、不断提升自己，你学做饭、跳健身操、学化妆，研究电影、话剧，热爱旅行，你从没放弃过成为更好的自己，坚持创造美好的生活。

你对生活的要求从来没有降低过，可是在婚姻大事面前，你低了头。选择一个不爱的人携手一生，午夜梦回你真的甘心吗？虽然我并不认为你那么努力就是为了找到更好的伴侣，可是那么优秀的你难道不值得更好的人、更好的生活吗？

这个更好不一定要量化，不能用对方赚多少钱、住多大的房子、长相几分等来衡量。至少在某个方面你们能有共鸣，能够在同一个层面对话和交流。

你热爱小剧场，对方觉得话剧可以等同为二人转；你想跟他在事业上一起进步，对方认为工作就是个赚钱的途径，谈什么自我价值实现？我想象不到你们怎样一起生活，虽然在同一屋檐下，但是人生的方向不同。

我不是嘲讽对方有多么差劲，吹捧你有多么出类拔萃、高不可攀。只是，各个方面都存在差异，也许会让你的婚姻连凑合都难。当准备与这个人相伴一生的时候，你是否想过除了婚姻这层法律关系，你们还能满足彼此什么样的需求？任何一种关系的本质都是满足彼此的需求，互相满足才能联结成一条紧密的绳。如果有一天不能在婚姻关系里满足与被满足，这条绳就会断掉。

好的婚姻，容忍不了混搭

也许你会说你没什么需求，只是因为爱情。可爱情本身也是一种需求，你爱他、他爱你，彼此填补情感需求的空白。如果连爱的需求也没有，那么你这么着急走进婚姻仅仅是因为社会、家庭和内心的压力吗？

你可以暂时压抑你内心的真实需求，可以接受延迟满足，但你是否能坚持这样走完一生？

当然，我也并不认为对方应该满足你的一切需求。也许你要求了物质上的富足，就不得不在精神上的满足方面有适当的妥协，也许你要求高颜值，那在忠诚度和安全感上就应该适度退让……可无论怎么样，你们一定都需要一种齿轮紧咬的契合度。

在我看来，无法沟通的婚姻只能会带来自我贬损和挫败感。如果只有柴米油盐酱醋茶的生活琐事，没有精神上同一频率的交流，你们不过是一辈子的合法性伴侣或利益共同体罢了。我们这一生，遇到爱、遇到性都不稀罕，稀罕的是遇到了解。你的审美情趣也好，思维逻辑也罢，如果他通通不能理解，即便日夜厮守，你也会觉得孤独吧。

我的脑海里有这样一幅画面，你在绘声绘色地讲大卫·林奇（David Lynch）的电影艺术，他在旁边早已入眠打鼾，你精心准备烛光晚餐，他却抱怨不如街角那家大碗卤肉。你所营造的所有美好和浪漫，在他的眼里平平无奇，甚至晦涩难懂。

这就是你要的婚姻生活吗？

人与人没有高贵低贱之分，但如果你们不是同类，就无法入对方的眼。婚姻里的混搭，和平一时，战乱一世。

你的人生，没有公式可言

也许有人说曲高和寡，琴瑟和鸣难觅，有的姑娘太难取悦，那便是另一回事了。如果是有意愿为了对方、为了自己、为了婚姻努力达到跟对方同等的境界，自然是极好的。你知道的，他可以学；你要求的，他可以努力做到；你不喜欢的，他可以改变。

可问题在于，他真的想为了你变得更好吗？

你想聊聊工作的时候，他在专注玩手机游戏；你想商量旅行计划的时候，他眼睛离不开电视直播球赛；你想过年给父母添置家用的时候，他根本不知道家庭账户上到底有多少存款。

不是你太难满足，是他没从内心为你考虑。

也许你觉得这是人生方向的问题，不能强求每个人在每方面都能够跟你保持一致。那是不是还有人生的宽度可以补足？你擅长厨艺他擅长维修、你喜欢浪漫文学他钻研历史纪实，这也不失为一种美满。只怕，他宁愿安于现状，人生单一得就剩一个坐标轴上的点，而你要的是立体、丰富多彩的生活状态。

真心想对每一位努力成为更好的自己的人说，与凑合、将就的婚姻相比，自给自足、乐得其所的孤独终老没那么可怕。你所以为的那个最可怕的结果也许比草率交付自己的一生要好得多，我不是鼓励任何人不婚、单身，只是建议在做出婚姻的选择前三思而后行，这个人真的是你想要的吗？这个人真的适合你吗？这段婚姻真的是你慎重做出的选择吗？

如果你选择赌这一生，那我也为你祈祷，愿你选择的都会善待你。

第
六
章

真
我
重
塑

❶ 跨越"未完成事件"：为什么有些伤，你就是忘不掉？

收到两封来信，故事不一样，却有相似的疑问：为什么有些伤痛已经过去那么多年，还是忘不掉？

第一个故事是影子讲的。她的妈妈一直是个很强势的人，从小到大她都不敢违逆妈妈，即便是这样，她妈妈的情绪还会时不时爆发，最狠的一次是为了惩罚她放学晚到家，妈妈把她赶出门，从三楼拖到了一楼，那时的她只有 10 岁。

如今她跟妈妈的关系有了很大的改善，但每当妈妈生气，她还是会感到害怕，好像一瞬间时光倒转，又回到了十多年前的那个傍晚，她背着书包，被母亲的怒意吓得发抖，感觉随时会被扫地出门。20 多岁的她已经不会被要求必须几点到家了，但她的人生中却好像永远有个随时会响铃的闹钟，身上像永远背着包袱，因为心里还有一个 10 岁的吓得发抖的小女孩。

另一个故事来自一个叫然然的朋友，她家庭幸福，事业上独当一面，处理任何事情都不卑不亢，就好像没有软肋。但去年发生的一件事把她打回原形。她在初中同学群里说起出差，刚好有一个在那个城市生活的同学主动发起邀约。然然非但没去，还拉黑了老同学。她说以为自己早忘了，13 岁的时候，她被以这个女生为首的小团体排挤，那是她最不愉快的 3 年。这么多年过去了，她早远离了这几个人，有了新的生活，没有人欺负她，也没有人看低她。但这次被邀请，让她又回忆起那段本不愿提及的经历，所以她愤怒，她厌恶，她甚至还有点担心，见面的时候会不会手足无措甚至语无伦次，她可能还会像 13 岁时一样被戏弄了，还只会逃避。

未被处理的情绪，会永远存在

可能你也被家人凶过或者被伙伴排挤过，又或许你没有，但生活中或许总有那么一个人、一件事，他们的存在就是一种提醒，提醒你曾经受过的伤，提醒你曾经的无助、难过，而你无论走到哪里，好像都无法释怀。即便你已经长大成人，已经足够坚强，处理过比这更大的伤痛，但只要面对这个人、这件事，你就即刻乱了阵脚。

这种回忆起过去就深受其扰的情况，源于你当时没有做即时化的处理。事情过去了，但伤痛还在，因为你没有很好地表达自己的情绪，之后也没有消化，就让它凝结在那里，成了绕不过去的一个心结。

人每天都要面对大量的情绪，有的一闪而过，有的会困扰一阵子，而有的可能会伴随一生。那些一闪而过的情绪可能因为无关痛痒，随即被其他情绪代替；困扰一阵子的情绪可能需要多一些倾诉和表达，或者通过自我消化，也会慢慢淡化直至消失；但那些可能会伴随一生，时不时会跳出来扰动当下的情绪，皆因那时的压抑或者逃避而让它钻了空子，停留在记忆的角落。它像心房角落里的一把刀，偶尔不小心触碰，就扎得人生疼。

影子和然然便是最好的例子。或许因为当时年幼，力量弱小，不敢表达，才把这些记忆埋在心里。影子没有表达的是伤心和害怕，然然没有表达的是愤怒和厌恶。在那个时候，她们可能通过转移注意力的方式主动减少了负面的情绪体验，或者什么都没有做，不去处理，继续自己的生活。

永远骚动的未完成事件

心理学中有一个很有趣的词叫"未完成事件"，未满足的需要、未表达的情绪，都会在以后通过其他的形式来向个体索取，而个体要么努力填满这个空缺，要么在他处补偿。未完成的永远在骚动。有过类似遭遇的人，可能还会因为自己的弱小而自卑，努力让自己变得强大，强大到可以不再被人粗暴对待、自己的力量足够抵抗排挤和压力。这个部分的自我的确成长了，这是一种升华和自我精进。但自我的内核中仍有一部分未被修通，这是因为个体不愿再回忆伤痛，选择把它隐藏了起来，然而隐藏不代表它不存在。当情境再现，个体不得不去面对那个弱小的自己时，会发现，这么多年只是精心地在锻造强悍的部分，却一直不敢直面脆弱的那一部分。

不必合理化自己受到的伤害

当你意识到这个问题的时候，现在处理还来得及，别让它伴随一生，因为不知道还会被它吓到多少次。现在就让刀剑入鞘，保管好它，你依然能找回你的安全感。

就像影子，她知道妈妈不是不爱她，她们现在的关系也很好，那次伤害也是妈妈无心的。虽然她说的是客观事实，**但这样的说法更多是为了减少自己的内心冲突，合理化对方对你的伤害，因为只有当你认为对方带来的伤害是必然的、合理的，才会在一定程度上减轻内心的痛苦。**正如很多人安慰其他人时说的话："他就是那样的人，你不要跟他计较""她不是故意的，你不要放在心上"，甚至你也在内心这样说服自己。但这种合理化伤害的做法只对处理情绪有暂时的帮助，对于多年无法释怀的伤害而言，它只会让你更加困惑："为什么明明理性上已经接受了这种伤害，也原谅了对方，这种痛苦还是忘不掉？"因为所有合理化伤口的借口都是在让你逃避真实的问题和伤害，逃避永远不能真正解决问题。

坦然承认对方确实伤害到你了，伤害是真实存在的，才有可能让你从内心直面问题，有勇气去解决它。处理过去的伤痛的第一步就是不回避，承认你的确在当时受到了伤害，不必为伤害你的人找任何理由和借口。

让固着的情绪流动

我们没有时光机，无法穿梭到你受到伤害的那一天。但你可以通过回忆的方式让情景再现，虽然让你再次暴露在不美好的环境下是残忍的，但这是唯一修复伤口的机会。你可以回忆当时的情境，再次体会当时的感受，当你想起那些伤人的话、那些粗暴的对待时，你的感受是愤懑、无助还是失望……即便是负面情绪，它也仍然有积极的意义，因为每一种情绪背后都反映了你当时内心的感受，找到它才能准确表达它。

有机会的话，跟当事人倾诉是最好的。如果你们现在仍然保持着联系，不妨把当年留在你心底的感受说出来。如果你能确认你们现在的关系是健康的、支持性的，那么你有可能听到对方的歉意，这是一种安慰和修复。

即便不方便跟对方表达，也仍然可以将情绪抒发出来。在那时那刻你最想说的话、你最想做的回应，可以像给自己讲故事一样表达出来。试着想象对方就在你面前，你表达愤怒、伤心，大哭一场，甚至是指责，都可以。这是修复伤口前必经的一个步骤——宣泄。

如果你有值得信赖的爱人、朋友，也可以向他们倾诉，倾诉的终点就是表达未完成表达的情绪，让情绪不再凝结在那时那刻，让它得以宣泄和消化。

确认你现在的力量

表达情绪不是目的，而是一种途径。如果现在的你没有成长，那么所有情绪的宣泄或者愤怒的表达不过都是暂时的虚张声势。只有力量提升到可以确认现在的你能应付曾经的伤害或者能避免伤害，才是有效的方式。这种确认是对现在的你，也是对当时受到伤害的你。当你在记忆中再跟当时那个无助的孩子相遇时，请记得告诉她，她已经成为一个有力量、强大的人，她能处理好现在的问题和麻烦，而弱小和伤害只属于过去。

这种确认不仅仅是一次穿越式的对话，当再次遭遇让你无助、慌张的事情时，不妨想想在经历了伤害之后，这些年你有哪些成长和进步，你解决过多少问题，熬过了多少困难，平息了多少争端，抚平过多少创伤。这些都是你有能力保护自己的资本，再次确认自己的力量是让你能自信和坦然地面对过去的根本。

我们都经历过无心或有意的伤害，那些忘不掉的伤害其实也无须忘记，它是成长的一部分。我们该做的是把当时的心结解开，解除"未完成事件"的魔咒，把伤害转化为认识自己的一种方式，让它成为成长的一次契机。因为真正强大的人并不是没有受过伤害，而是受过伤，也能直面它，征服它，穿过那些风雨，重获光明身。

2 告别童年创伤：经历过童年创伤，怎样让自己好起来？

一个刚参加工作的女孩子因为总是无法建立稳定的恋爱关系来向我求助。她经常感到压抑和焦虑，情绪不稳定，在亲密关系中经常感到不安，分手后感觉不舍，迷迷糊糊投入下一段恋爱中，又会纠结想跟前任复合。工作和生活状态也复刻了这样的模式。她的自我评价也很低，遇到问题都会习惯性自责，即便对跟自己没有关系的事情，也会感到内疚，把问题都揽到自己身上。她深感困惑，也觉察到自己的问题跟原生家庭有关，所以有时候会怨恨父母。但自己状态好的时候又会觉得，这并不是家庭和父母的问题。

问起童年经历，她的确成长在一个变故多发的家庭环境中。父亲脾气不好，经常跟母亲吵架，连带着也会影响到自己。有时候父亲会将无名之火发泄到她身上，有时候对她又是无限溺爱。母亲因为跟父亲的关系不好，情绪一直低落，有时候会在她面前落泪、抱怨甚至出手打过她。父母要务农，特别忙的时候会把她送到亲戚家生活一段时间，于是，整个童年，她一边承受着原生家庭中父母的暴力对待，另一边又因时常寄人篱下而缺乏安全感。一个无处安放的动荡童年，她就这样一直背负着，直到成年都无法释怀。她眼神看向别处，声音有点抖，怯懦地问我："我的问题是不是跟原生家庭有关？"

如梦魇般的PTSD

怎么会跟那么恶劣的成长环境没有关系呢？她曾经遭受的那一切都让她缺失安全感、情绪波动大、处理不好现在的人际关系、负罪感重甚至绝望，这都是童年创伤未得到疗愈在成年后的表现。

依照这个女孩的描述，她有可能是创伤后应激障碍（post-traumatic stress disorder，PTSD）症候群。在童年遭受过精神方面的创伤，而导致成年后延迟出现的一些心理问题。她绝不是个例。虽然普遍来讲，PTSD 一般发生在重大的创伤事件之后，如地震、火灾、车祸、亲友死亡等。但儿童在尚未成熟、没有自己的认知体系和丰富的情感体验之时，来自家庭的各种负面经历也往往会构成严重的心理创伤。很多人即便到了耄耋之年，也未必能躲得过 PTSD 对自己的破坏性影响。

童年创伤是一种近乎毁灭性的、难以治愈的创伤。童年创伤一旦被触碰，就像开了闸门的洪水，它裹挟着愤怒、羞耻、怨恨、疼痛等很多负面的感受，一齐冲击心房，也像猛兽，如果不被驯服，就会吞噬人生。这并非危言耸听，14 年的心理咨询工作中，超过 80% 的来访者的问题都与原生家庭有关，即便有的事情不如前面案例中的那般残酷，但有些小的挫折未处理好，也会给成年之后的个体的自我成长带来阻碍。像父母离异、长期与父母分离、父母吵架、父母教育方式上的分歧等等，都可能是今后人生出现问题的伏笔。当然，也不乏能够自愈，或者能在成长过程处理好创伤的厉害角色，但是如果你没那么走运，经历过不太愉快的童年，现在又无法忘怀，那么，这可能是你面对自身问题的一次契机。

虽然童年创伤是很难被治愈的，但这并不代表长大后的我们对此无能为力，就算不进行心理咨询，你也可以了解一些能够帮自己走出童年阴霾的方法。

为什么旧创伤会苏醒？

像上面提的女孩一样，她最大的疑问是为什么明明已经过去的事还多年后仍然无法释怀。家庭是我们成长的第一站，是我们接触世界的第一印象。那时的我们还年幼，对大多数信息都是被动接受，我们还没有成熟的三观，也难以分辨和判断是非对错，儿时的我们对发生的一切并不能完全相信。虽然，现在你已长大成人，能够试着回溯过往去分析和解释早年的经历，但当时那些负面事件带来的冲击仍无法抹去。

那个小小的稚嫩心灵尚未具备理解事件的能力，即便是再早熟的孩子，也不过处于似懂非懂的状态。但是你能感受到最直接的、最客观的东西，那可能是父母对你的暴力、冷漠、忽视，也可能是他们的争执、分裂。很遗憾，即便现在的你能自圆其说解释过去的经历，但是你不得不承认，当时你的认知需要依附于父母这样的成年人。所以，不必去纠结为什么这些事会给你带来难以想象的冲击和创伤。在那时那刻，你只是个孩子，你还难以用理性去理解和劝慰自己。

记住，不怪你

在你还未发育成熟至能正确理解事件的时候，只是因为不小心打破了一只水杯，父母就指责你"没用"；只因为作业比规定的时间晚完成了 10 分钟就遭受了皮肉之苦。

面对这些情况，你也许曾经会问："到底发生了什么？"我们会自责："一定是我不乖，我不好，他们才这样对我。"我们会怀疑："是不是爸爸妈妈不喜欢我，我还应该喜欢他们吗？"你还会羞愧："为什么别人的孩子没有被打？"内心的种种对话可能曾在你脑海中不停地循环播放。如果一次又一次遭受这样的对待，就会渐渐形成"这一切都是我不好，都是我造成的"或者"我不值得他们喜欢"的深刻感受。这些感受可能从未从你嘴里说出，但在你的潜意识里，你已经把自己判定为这一切问题和烦恼的始作俑者，你像个罪人，你长大后不敢爱人，不敢信任别人，总是在遇到问题的时候第一个道歉，尽管那并不怪你。

而今，你可能还在内心深处不断强化着这种归因方式。你羞于承认都是父母的问题，好像这样说，就显得不孝；你试图合理化父母的种种行为，因为他们是你的亲生父母，给予你生的机会；你害怕承认这一切是他们的错，因为在你的内心深处，有一个完美无瑕的、神圣的、时刻正确的慈父仁母形象。

可惜，这一切只是你的想象。他们也许未必有你想象的那么好，你心里的父母的形象，只是你自己内心投射出的客体（父母）形象。因为伦理道德所带来的压力，你想要在内心保护他们，不肯承认父母的错误。可是今天，我想说的是，这一切并不是你的错，这一切并不怪你。你不是恶魔，你的父母也并不是你想象中的那般永远正确，请敢于承认，他们确实给你造成了伤害，而有些伤害确实是无法原谅的。

尝试表达

很多创伤性的体验深刻影响着我们的生活，还有可能愈演愈烈，大多是因为没有及时整理创伤带来的负面情绪。一个人在儿童时期被打骂、被忽视，甚至目睹父母大打出手。这些记忆可能会时不时地闪回，在成年后的某个时刻再次被回忆起来，而每一次回忆依然痛彻心扉，难以释怀。记忆闪回正是 PTSD 的表现之一。

如果在经历创伤之后，这些情绪未被表达，就会牵动着那时的负面经历不由控制地频繁出现。积攒到一定程度，这些情绪就会试图找到其他的出口释放出来，而往往并不是合适的时机。回忆一下，你是否有这样的经历？不过是女朋友不让你看球，你就大发雷霆；不过是开车时别人没给你并线的机会，你就破口大骂；不过是孩子考试没考好，你就怒不可遏，甚至想要拳打脚踢……你其实是想对谁发脾气？你到底是想给谁脸色看？你到底是想向谁证明你比他强大？

这些看似无名之火或者本没必要的怒气都是来自哪儿？冷静下来，你也觉得不至于，却搞不懂为什么会如此这般？**其实追根溯源，这些忽然而至又难以自控的强烈情绪的源头恰恰就是你童年经受创伤后那些未曾表达过的感受，它们经年累月地持续增长，偶尔爆发吓你一跳。**如果可以找到你信任的人，在心平气和的时候倾诉你童年的创伤经历，能在成年后把当年因胆小不敢表达的情绪全部讲出来，将会是一种大有裨益的情绪疏导。当然，如果有条件的话，可以进行心理咨询，除了情绪的疏导，会更有利于创伤的疗愈。

与创伤共生

前面也提到过，儿童时期所遭受的创伤是最难治疗的，如果不接受专业的心理咨询，只依靠自我疗愈，可能会是很艰难的一个过程。在这个过程中，最重要的因素有两个，一个是正常化，另一个是与创伤共生。**正常化，即接纳自己的现状，不要因为出现不良情绪而苛责自己。**就像感冒了会鼻塞、流鼻涕一样，是很正常的反应；当你磕到了膝盖，淤青也是很正常的：当有不幸的事情发生在你的童年，并且这些事情给你的生活带来了负面影响，比如你一想起这些事情来就会情绪低落，这同样是很正常的。

在抑郁或者焦虑的时候不断地对自己说"这很正常""这只是童年创伤后应激障碍，总会过去的"。当你能够接纳这些正常反应，而不是每天用"我为什么会这样""我不应该这样"来自我消耗，这就是极大的成长。即便是没有经历过创伤的人，也不可能一直处在积极的情绪中，情绪同样会有波动，并经历人生的低潮。人生本就不可能完美，即便我们无法彻底愈合伤口，也依然有其他选择，**我们还可以与创伤共生，带着伤痛和障碍努力生活，这一点，总会将你区别于那些坐以待毙的人。**

最后，送给所有经历过创伤的人一段话，它也曾伴随过我和我的创伤共生："很长一段时间，我的生活看似马上就要开始了，但是总有一些障碍阻挡着。我以为有些事得先解决，有些工作还有待完成，还有一笔债务要去付清，然后生活才会重新开始。最后我终于明白，这些障碍，正是我的生活。"

❸ 重建安全感：焦虑的真相

我们身处一个焦虑的时代，人人都有焦虑症，有的是无意识的焦虑，有的是显而易见抓耳挠腮的焦虑。不焦虑的人出门都不好意思跟人打招呼，必须摆出一副好焦虑、很着急的样子，似乎这样才能顺应时代的节奏。

以下所说的焦虑症和心理学中狭义的焦虑症不同，我想说的是一种集体无意识的恐慌导致的焦虑，而这种恐慌除了跟时代求快、求变的特征有关，更主要来源于我们也被时代紧绷的弦送至一种不快速运转就要被淘汰的边缘。

集体型安全感缺失

我们努着劲儿要在最短的时间内快速解决所有问题，恨不得时间刻度精确到秒。从前慢，也只是从前。现在慢下来一分钟都生怕自己被甩到所处群体的尾巴上。我们喜欢插队，当一米黄线不存在；我们抢出租车；我们在交通灯变黄的时候加速冲过去；我们在机场大闹值班柜台；我们在电话里对着客服人员吼："马上给我搞定！马上！"我们急急忙忙地旅游，急急忙忙地拍照，急急忙忙地离去，如今的我们对任何事情都很不耐烦。许多企业的文化口号都有"求快"的字眼，互联网时代里"快鱼吃慢鱼"的理念都快要融入每个人的血液里了。

这时常让我觉得可怕，在大家都焦虑、急躁的时候，追求速度是不是让我们得到了想要的结果？可我看到的更多的是因追求速度、强调结果而酿成了祸端。还没摸清对方的底细就闪婚；还没了解公司业务就跳槽；赶在促销活动结束前的一分钟冲动下单，于是你嫁了一个不求上进偶尔还家庭暴力的懒汉；他发现新公司的业务随时都有搁浅的危险；她的冰箱里堆满了她本不需要的食物，只等过期扔掉。媒体报道、宣扬的各个成功案例都逃不开"快速"这一关键词，我牢记在心的一句话也是"出名要趁早"。可心里烦躁的是，同样是一个鼻子两只眼，为什么人家这么快就搞定了我未来 10 年甚至一辈子的目标？

这些表现和心理状态，都是因为我们被这些眼花缭乱的信息误导，相信一切都很容易，别人能做到的自己也能做到，甚至还可以更快更好地做到。焦躁不安的背后多是安全感缺失。

如果没像我们期待的那样完成目标，我们就会焦虑。追根溯源，这份焦虑源自我们内心缺少安全感，需要实现目标来填补缺口。抱持着这样的缺失，我们常会经历以下心路历程：**需要安全感——渴望成功和认同——拼命努力快速完成任务——期待又快又好的结果带给内心安全感**。那些好胜的人大抵都有过无数次这样的尝试，而一旦自己不能完成目标，就极有可能通过损害他人来获得力量感，填补内心的安全感，这是缺失安全感给我们带来的可能的隐患。但也正是因为我们有缺失的东西，才会产生前进的动力，我们会积极争取，拼命加快速度。但这种求快的目标就像渴求罗马能一天建成一样不切实际。

快慢由我

我虽然不是完全认同一切都要慢下来，但我想如果"慢"是自己的步调，那么慢下来也未尝不可。我们之所以如此焦虑和慌张，正是因为我们没有找到适合自己的节奏，却常常忽略自身特点一味向他人看齐，标准就是越快越好。关于什么是找对自己的节奏，白岩松有一段关于踢球的描述很贴切。我们看那些非常好的球队踢球的时候，有时候快得像一道闪电，在中场倒脚的时候又是非常慢的，那是队员们在等待时机。

一支好的球队，它的节奏就是一会儿快一会儿慢，保持着自己的节奏并使对方只能一直跟着它的节奏走，这样对方就乱套了。我们经常听到评论员说"一定要打出自己的节奏"，这话是很对的，一定要把主动权掌握在自己手里。

我们在生活当中也是这样，你有时候需要放慢自己的节奏，甚至停下来，这实际上是在韬光养晦，整装待发；而有的时候也需要快速行动起来制造先机。快慢本是相对的，如果一直加速前进而不停歇，但"快"也不能称之为"快"了。

在历经近两个月的快节奏生活之后，我终于在一个周末得闲出去走一走，傍晚的鼓楼东大街，雨后的街道干净又清新，路上的摊贩聊着天等待着客人光顾，还有那只我每次去都会逗弄的松狮，也依然憨态可掬地看着人来人往。我不再觉得这是个会多少人趋之若鹜的城市，也不是人人为证明自己的价值而不得不血腥厮杀的战场。这里只是一条隐匿在高堂广厦之间的街道，保留着城市最后一点从容和安宁。

而这一刻我的感觉也不是平日里快生活中斩获的零星成就感所能取代的体会。就像小火熬汤，慢慢炖才能入味，火烧得太快太旺，只会熬干了食材汤料，留不下美味。

④ 击碎反事实思维：请服下这两颗"后悔药"

熬夜后第二天萎靡不振的时候，我就会特别后悔昨晚不应该任性地把那部电影看完；还后悔近期没有养成好的作息习惯，越睡越晚；后悔这个小动作每天都在我们的生活出现。微不足道的事件可能转头就忘掉了，但依然有不可磨灭的印记不断提醒自己，想起这一生后悔的事，梅花何止落了满山？

有人后悔以前没有好好读书考上好大学；有人后悔没有挽留爱的人；有人后悔来到北上广，居大不易；还有人后悔没能尽孝的时候，亲人已经撒手人寰……

要有多洒脱，才敢说无悔？我们每个人都被后悔这种消极的情绪折磨过，它指向过去已经发生的事情，更让人产生挫败感，因为我们没办法让时间倒流，那么是不是就只能在后悔面前束手就擒，忍受它的冲击？尽管我们没办法完全理性地看待后悔这件事，但如果能透过后悔情绪看到问题的本质，倒是的确能让我们渐渐接受它的存在，更豁达、更释然。

后悔是因为"反事实思维"

每当想起后悔的事，我们都会在脑海里进行一种假设，在这个假设当中，我们认为如果当时没做什么或者做了什么，就不会发生糟糕的事，或有更好的事发生。这种假设叫作"反事实思维"。当假设跟现实做比较时，反事实思维往往有压倒性的优势，因为它是我们虚构的美好结果，我们会对它信以为真，所以，我们才会后悔。

后悔，是比较后产生的情绪体验，比较的对象除了现实与假设，也可能是自身的现状与身边的"反例"。比如，当你发现原来和自己成绩差不多的同学考上了好的学校，而你因为打游戏没有考上，你会有更强烈的悔恨。但无论是跟什么比较，对过往经历的后悔，都在说明一件事——当下的生活让你不满，只是你无法改善现状，又不想面对自己的无能，只好把它们转嫁到过去的自己头上。

即使你当初没有挽留爱的人，如果你现在有了更好的归宿，想起旧爱，也只会有淡淡的遗憾，但如果现在的你形单影只，怕是只会在怀念过去的时候有满满的悔意涌上心头。**所以，后悔这种情绪存在的积极意义就在于提醒你重新审视自己的现状。**

再仔细想想，后悔的确无用，因为我们改变不了过去。当我们自以为是地认为"如果我们当初怎么样，现在就能怎么样"的时候，我们其实是在自恋地夸大自己在整个事件中的作用。但实际上在你当初做出的那个决定当中，一定还包含着环境等其他因素，你并不是整件事的主导者。

那么，你的后悔还有必要吗？

即便你在当初做了一个现在以为正确的决定，结果也充满了多种可能性：第一种可能是，并不会改变什么，有人称之为宿命的东西会指引事情依旧朝着它该去的方向发展；第二种可能是它反而会让事情变得更糟，变得更不可控；第三种可能是你最希望的、也一直信以为真的那种结果——那个决定改变了你的人生，让你现在过上了你想要的生活。

但只能说，这是一种奢望。即便令你后悔的事没有发生，你在当初做出了正确的决定，那也不过是你人生里无数选择中的一个，你逃脱了这次"错误"的决策和后悔的可能，还有下一个在等待着你。除非你永远都能侥幸做出最正确的选择，否则，你就逃不过后悔的宿命。那么，既然逃不过，不如想想怎么做才能降低后悔发生的频率。我这里有两颗后悔药，让你少一点后悔。

别让后悔阻碍了行动

心理学家托马斯·吉洛维奇（Thomas Gilovich）和梅德维克特（Medvect）发现，人们在短期内会因为做过的事而后悔，比如后悔发脾气或者后悔去参加了某个活动，但是从更长的时间来看，更让人后悔的是没有做过的事，比如没有去哪里旅行，没有努力工作。

真正让你后悔的不是你当时做了什么，而是你当时没做什么。没做的事会变成未完成事件，一直在心中蠢蠢欲动，影响着你现在和未来的生活。所以，做了的结果可能只是后悔一阵子，不做的结果更有可能后悔一辈子。

第一颗后悔药就是：想从后悔的情绪中得到解脱，就要大胆地去尝试，而不是畏首畏尾，抗拒人生的更多可能性，毕竟一阵子和一辈子相比，还是暂时的后悔更容易让人接受。

此外，正像上文提到的那样，后悔不过是提醒你现在的生活不尽如人意，那么不妨把脑海中"如果能重来"的假设暂时搁置，因为从现在开始改变现状才是你唯一的出路。

把注意力放在当下，而不是让它们停留在过去，才能用期待的心情代替后悔，才不会一直固执于那些无法改变的事。这是我能送你的第二颗后悔药。

有人说，人生就是怎么选都会后悔，可无论你有多后悔也要继续前行。我想，那是因为，只有努力做好现在的事，才会让未来的自己少一点后悔吧。

⑤ 内向的优势：我不是高冷装模作样，我只是有点小内向

"上周朋友给我介绍了一个对象，见了两面，感觉不太好。"

"哪里不好？"

"其他方面都还不错，他就是有点内向，不爱说话，好像很难相处，我不太想继续联系了。"

在这两位姑娘的对话中，关于内向的说法让我有所思考。

"因为他内向、不爱说话，所以他难相处"，这是那个姑娘在内心认定的"合理"的因果关系，这个结论最终导致的结果是姑娘不再愿意与相亲男见面。姑娘的话蕴藏着没道明的一点嫌弃

和遗憾，毕竟各方面都好，只有内向一个缺点。我在脑海中搜索"内向"和"外向"这两个时常成对出现的词汇，竟然发现，我的记忆中，有不少次被人一脸沮丧地提问："我觉得自己很内向，这可怎么办？"关于外向的苦恼，好像寥寥无几。

这也让我想起《内向者优势》这本书，当时不觉得有什么奇怪，现在想来，为什么内向者的优势这个主题会受得有许多读者欢迎呢？答案显而易见，在我们的文化背景中，外向的优势是社会公认的，因此无须过多关注。对于内向，人们总是会产生不好的联想，比如"不会沟通""不好相处""孤僻""不合群"，等等。所以当有一本书谈论内向者的优势时，大多数人都感到意外、好奇。希望这本书能解救内向者的困境，向世人证明，你看，内向者也有很多过人之处，内向也有内向的好啊！

单纯因为内向或外向就判断一个人的好坏，这个视角太过狭隘，毕竟，内向和外向只是性格倾向之一，即便是要进行较量，天平上也绝对不止这一个砝码。更何况，有些联想未必都是准确的，其中可能充斥着对内向者的误解。内向跟外向性格的人都可能"不会沟通""不好相处""孤僻""不合群"。那些对内向者的不良揣测，也许仅仅是因为他们并不那么爱表达自己。

区别真性内向和假性内向

什么是内向？

心理学家汉斯·J.艾森克（Hans J. Eysenck）描述了典型的内向性格：安静、离群、内省、喜欢独处而不喜欢接触人；保守，与人保持一定距离（除非挚友）。倾向于做事有计划，瞻前顾后，不凭一时冲动；日常生活有规律，严谨；遵循伦理观念，做事可靠；很少有进攻行为，多少有些悲观。

根据这样的定义，我们以往一刀切地把一类人称作"内向者"也并不合理，因为内向也分为真性内向和假性内向。真性内向的人不主动和外界接触，偶尔有被动接触的情况，可能也只是应付一下，他们发自内心地不想和别人接触，缺乏与人交往的兴趣，并且没有迫切想改变自己的意愿。假性内向可以简单理解为跟陌生人交流有一些障碍，他们会紧张、羞怯、语无伦次，但对于亲近的和熟识的人则不会出现上述情况，他们渴望与别人接触、交流，存在沟通问题主要是受心理因素影响，并且他们迫切想解决这个问题。

除此以外，还有很多可能"被伪装"成内向的表现。比如，聚会上其他人聊的都是你不感兴趣的话题，你自然就不太想说话和回应，这是因为话不投机；再比如，朋友跟你聊起股票投资，而你刚刚在理财上损失巨大，不想揭开伤疤，只能岔开话题或保持沉默，这是情绪所致。还有，就某事发生争论时，有人据理力争，有人缄默应对，这是因为要避免冲突。以上这些情况，都是暂时的沉默、不发表意见、不愿意与别人产生更深入的接触和交流的情况，也不叫内向，是每个人都会出现的受情境影响较大的应对方式。

内向者与外向者的差异

那些真内向的人是具有天然的、难以改变的特质的群体，因为内向往往由基因决定。很可能在他们的原生家庭中，父母就有内向的特质。基因决定了内向者和外向者的生理差异，最重要的表现就是：内向者倾向于把注意力集中于自己本身，也习惯于从内在世界来获取动力。而外向的人则相反，他们更乐于关注外部环境和他人，习惯于从自身以外的部分来汲取养分。外向者和内向者的精力来源于不同的地方。外向者需要通过社交来补充能量，而对于内向者来说社交场合是他们耗损能量的场所。除了精力来源的不同，内向者跟外向者还存在着一些差异。

1. 精力恢复的方式

内向者精力消耗得较快，需要休息和独处来恢复精力，从思想、观念和情绪等内部世界中获得精力；而外向者则精力消耗较慢，且可以在与外部世界的互动中迅速恢复精力、获得活力。相比之下，内向者比外向者需要更多的时间来恢复精力，而精力的消耗却又比外向者更快。

2. 偏爱的刺激强度

内向者有较高的内心活动水平，通常对刺激较为敏感，对外界刺激有较大的反应，因而常常要减少外界刺激，以降低不适感；

而外向者则相反,他们对刺激不那么敏感,较多的刺激才能"激活"他们,因而他们常会主动寻找更多外部刺激、追寻刺激体验。

内向者在假期更喜欢安静地读书而非参加各种聚会,主要是因为,对他们来说,跟一百本书相比,一百个人带来的刺激过于强烈。外向者则更喜欢结识陌生人,不喜欢气氛太冷静的场所。

3. 对刺激的反应时间

内向者和外向者血液流动的通路不同:内向的人的血液通路更为错综复杂,较多集中于内部。简而言之,外向者思考的路径较短,能够快速做出较多反应,而内向者思考的路径较长,往往需要较长时间才能做出回应。

常见的情况是,外向者能够在聚会上频繁切换话题,左右逢源,好像什么都知道,内向者却总是欲言又止。这一般是因为,外向者习惯于边说边想(甚至先说后想),对他们来说对与错不太重要,而内向者习惯于思考好后再说,更重视谈话的质量。

4. 对事物探索的深度与广度

内向者喜欢对较少的事情做更深的了解,他们往往限制外部经验的数量,但对每一个经验都有较深刻的体验。而外向者则喜欢了解更多的事物,却都不怎么深入探寻,从外部世界了解的事物常常不会扩展其内在世界。

内向者喜欢深度,喜欢将要思考的问题限制为一个或两个,对其进行深入的探讨,否则就会感到压力太大。而对于外向者来说，事物的广度或者说多样性，才是他们所爱，他们喜欢寻找刺激、丰富体验，并随时准备做下一件事。

内向者会在获取信息后再次思考它，希望有更多体悟。他们更能够抵御诱惑、耐得住寂寞，能将更多精力用于精神上的思索。与之相反，外向者必须从外部刺激中补充精力，不停地"赶场子"、不断地寻求新异刺激，因为各种经历多而深入的体会较少，所以他们对事物的探索往往只能浅尝辄止。其实，我们无法单纯地从内向和外向的优劣势对比来分出孰好孰坏。毕竟任何一种性格都没有绝对的优势或者劣势。

内向者不是不爱说话，只是没有遇到他们感兴趣且能让他们口若悬河的话题；内向者也不是羞怯或者懦弱，他们只是不会刻意为了交际而交际，他们喜欢开门见山，不喜欢不必要的闲聊和客套；内向者不是不合群，他们只是不需要那么多朋友，几个亲近且可以持续交往的对于他们来说足矣；内向者也不是一直需要独处，他们只是减少了不必要的社交；他们不是缺乏沟通的能力，只不过他们不想把精力花在与别人的交流上，与口头表达能力无关；他们更不是行为古怪或无趣，只是更喜欢通过内心世界来达成自我满足，在自己的世界里寻求独特的乐趣。

"内向是不好的"本身就是一个荒唐的观点，一个被主流价值观挟持造成的巨大错误，因为当今社会往往过于吹捧那些八面玲珑、擅长交际的人，以至于我们要对内向的性格扼腕叹息，觉得内向的人人生有太多阻碍。你要知道，真正阻碍你的绝不是你性格本身的不足，而是你没有关注到你的优势和长处，那才是制约你的人生格局的最大原因。

内向者的社交法则

当你认为自己内向的时候，应该同时看到专注；当你认为自己敏感的时候，应该同时看到细腻；当你觉得自己犹豫的时候，应该同时看到谨慎，这些都是你的特质。这些特质或许可以使你握紧命运，获得成功。

再说说内向者如何社交，为了减少他人的误解也好，增强自己的价值也罢，社交是内向者需要打破的一个瓶颈。

内向者比较适合相对简单的社交环境，喧嚣的场所并不适合他们，一群人的热闹不利于内向者敞开心扉。他们更适合在参与者更少且话题更为深入的场合下社交。这样可以减少外部干扰，也更有利于发挥内向者深度思考的优势。别扭着改变自己，努力变成一个外向的人将徒劳无功，且会伤害自己。注重深度的社交会给内向者带来更好的体验，同时减少对自我的损耗。如果能在有限的时间、精力、能力内，与几个志同道合的人成为知己，也将是会比有一堆泛泛之交更有裨益的事。

聚焦于自己感兴趣的领域。如果觉得自己还没有特别投缘的朋友，也不必向外向者一样广撒网，内向者更适合在自己感兴趣的领域去寻找朋友，毕竟在这个领域汇聚的人有共同话题，性格上的差异也会缩小，更适合深度交往。

请相信，内向并不是社交的障碍。障碍是内向让你慢慢远离人群，表现出自己冷漠、不爱让人接近的一面。

我很多年前去丽江旅游的时候，客栈主人养了两只松狮，不仔细看不会觉得这两只狗有多么不同。住在客栈的几天时间里，我时常逗弄它们，却发现它们的反应截然不同。毛色浅的那一只叫"路路"，对投喂还有抚摸都反应热烈，平时也很活泼、讨喜。另一只毛色略深的叫"七喜"，总是显得很孤僻，对于来来往往的人总是很害羞又很淡漠的样子。没事喜欢走来走去，而不是像"路路"一样跟客栈里的人玩闹。有人给它喂食，它也总是犹豫着观察一会儿才肯靠近食物。大多数人都会喜欢跟自己更亲昵的动物，所以客栈里的人都爱跟"路路"玩，有时会忽略"七喜"的存在。"七喜"就像个孤独的诗人，每踱一步都像在进行一次深邃的思索，而"路路"像一个交际花，有它的地方一定热闹。

离开丽江的两年后，我顺口问起了"路路"和"七喜"。老板磊哥告诉我，"路路"经常在客栈门敞开后跑出去玩，去年跟对面新开的客栈的狗打架被弄伤了一只眼。"七喜"没什么变化，依旧守着客栈的门口，安静又从容地看着人来人往。它总是对新来住店的客人充满警觉，只有那个时候它才会叫上几声或者跑到老板跟前，像是在传话：快去看看，有陌生人来了。

我忽然遗憾在丽江的时候没有太关注"七喜"，如果在我的日常生活中让我选择一个朋友，我想我会毫不犹豫地想拥有"七喜"那样的同伴。尽管他们天性内敛，不会快速跟人建立联结，但他们会安然接受自己的人生设定，不做不必要的改变，就那么从容地、让人安心地守候着他们的一方天地。七喜有它的自在，愿内敛的你也是。

6 "丧失"的意义：上一季的人都与你无关

虽然北京已经进入深秋，但还是能看见有人光着腿穿着短裙瑟缩在风中，不合时宜的装扮总是让美感大打折扣，就好像酷暑时节穿着高级定制的羊绒大衣，美是美，但是傻愣愣的。季节更替，就应该早点整理衣橱。

"上一季的衣服该收了"，我正这样想的时候，收到一位朋友的消息："我想让我的前女友离婚，然后重新追求她，跟她在一起。"在大多数人都想着赶紧换上当季的衣服御寒取暖的时候，我的朋友就像深秋里依然穿着短裙的姑娘，不顾现实变迁，执意挽留住上一季的人生状态。或许于他而言，跟前任再续前缘这件事，也像打开衣橱拿出上一季的衣服一样，唾手可得。

可实际上，追回前任不但难度系数超高，也已经不合时宜。

上一季的恋爱就应该交还给过去，上一季的人离开了，就跟你无关了。

我的这位朋友想必是人在萧瑟的秋天，心却停留在繁盛的夏天。他们的恋爱故事跟每一对情侣的经历差不多：相识、相知、暧昧、恋爱、矛盾、争执、分手。这段爱情故事的结局是，女方不肯留京而男方坚决不走，最后他们只能走向分手的终点。其实，双方都已经尽了最大努力维系这段关系，却仍旧走不到最后，那么能让感情体面地结束，也不失为一种尊重。但现在，我的朋友在温暖的房间里又想起前任，想起曾经的点滴温存，心底的爱意再次被唤醒。得知前任决定来京扎根发展，他以为过去难倒了一对鸳鸯的难题已解，抬起头来好像前途一片光明，天都亮了似的。

我问他，前任来京跟他有什么关系呢。他说："这太明显了，当初我们爱得死去活来，就因为异地才结束恋情，现在两人身处同一座城市，这不是最强的复合信号吗？"

我还能说什么呢？当他觉得可以重拾前缘的时候，会觉得一切风吹草动都是信号，她发微信告诉他要来北京是信号，她朋友圈偶然透露跟老公闹别扭是信号，就连恰巧看到一部结局圆满的爱情电影他都觉得是信号。

不甘，是因为未完成心愿

当人们对一个凭空产生的想法信以为真的时候，说什么都没用，因为他会觉得宇宙的一切力量都在处心积虑发出邀请让他相信并应该义不容辞地去验证这个想法。

这个感情空窗三年又对前任充满了内疚和怀恋的男人，实在难以忽略这个无比诱人的机会，它悄悄地溜了出来，渗透在他向我诉说的字里行间，我猜手机那一头的他一定是一副摩拳擦掌、志得意满的样子，满眼都是希望和憧憬。

"为什么还要把她拉回你的生活当中呢？为什么要打破自己的生活节奏去追求刺激呢？"面对我的询问，朋友说他自觉对不起前任，当初对她不够好，说过的诺言没兑现，现在感觉她过得并不好，都跟自己有关，所以他想尝试重新开始，让她走出阴霾、见见阳光。

说千道万，各种荒唐的理由都在表达"只为她"。听什么都别忘记听弦外之音，一个人没说的话往往比他说了的更为重要。为了别人的福祉肯定是个更让人为之动容的借口，但背后涌动的是自己强烈的欲望。口口声声为了别人，其实不过是为了满足自己的需求——为了不再失眠时想起过去而责怪自己不够真心，为了不再因为现实阻碍未来而怀疑自己无能，为了不再回忆过去时只能沮丧叹息，他决定强制把剧情拉回过去，试图再出演一场永不完结的故事。

他需要的不是事实，而是这样一个动人的故事而已。因为现实冰冷，前女友已经决定告别过去、嫁了人，他再无弥补缺憾的机会，也再无改写人生的权限，如果不释怀就只能带着这些过去踽踽独行。但如果真有可能旧情复燃，老来儿孙在侧时也多了一段佳话可讲。他盘算来盘算去，决定再打开衣橱，找寻上一季的衣衫。

我的朋友就是这样在一个北京寒冷的秋夜，于千里之外，强取豪夺了他人的自由选择。他是否知道，也许前任来京并不是为了他，只是为了跟现任有更好的筑巢之地；告知他这个消息不过是因为旧日一场感情，也需一点礼貌和客套；她的人生已经重新开始，跟他毫无关系。那个于他而言心上的旧日伤口，今时今日也许已是前任身上一个不起眼的小疤痕。他从一厢情愿的那一秒开始，就已经输得一败涂地。这一切只因他没有走出过去的影子，把自己未完成的心愿强加在前任身上，无意识地强迫恋旧还心有不甘。

他的事，不关你事

沉浸在过去不甘心的不是只有他一人。我有一位疯狂的女性朋友，已跟前任分手一年，还坚持不懈每天期待他的朋友圈更新，她能把这一年来跟前任互相关注的微博好友都了解个清清楚楚，甚至还通过聚会照片发现了前任跟哪位异性已进入暧昧状态。

她跟我说，前男友因为肠胃不好最忌讳吃麻辣火锅，这一个月里面他竟然去吃了两次；他以前根本不知道好妹妹乐队的成员都是男性，现在竟然跑去听演唱会；他以前看不惯她信星座运势，现在竟然转发了一条相关微博还评论"有道理"。她的言语背后充满了不甘和疑问。为什么跟她在一起的时候他不肯为她改变，现在却为了别人变成了另外一种样子？为什么他不曾把她的话放在心上，现在却俯首帖耳赞同别人相似的言论？

前任已经迈开大步去拥抱新的人生了，唯有你还在用过去的恋情苛责现在的自己。人都是在不断改变、不断前进、不断修正自己的，而不断往前走又会遇一个又一个男人或女人，总有些人会改变他，就像你也曾给他留下过生命的痕迹。又或许这些改变跟某个人也没有关系，就是时机到了，一不留神就悄然遇到了埋伏在命运中的转折，没有早一步也没有晚一步。而无论他现在是喜是悲，无论他将来是成功还是落魄，都已经是他的事，是他和别人的事，至少不关你的事。

我们的生命中就是有那么一撮人，**他们只是在你人生中的一小段时光里来了又去，并不跟你厮守一生。无论他们是谁，只要离开，就意味着已经成为上一季的人。**别让生活的镜头总停留在与己无关的人身上，你出演的是你的人生。

关注故人的你，请想想如果你生活在别人暗中的窥视之下是否会觉得舒适自在；想再重来一次的你，请考虑别人是否消受得起这份热情。

最好的补偿是关注自己

我有过相似的经历，年少无知时伤害过他人的真心，虽然是无意所为，但仍然说服不了自己去忘记过往，好多次都想主动联系他，讲讲当初我那么倔强究竟是为了什么，哪怕只是对他说句抱歉也好。我总觉得，我欠他一个交代。感谢命运让我们再次相逢，我激动得像是找到了失散多年的亲人，拉着他从头到尾讲了当年没能说出口的话，还关切地问了他这些年的经历。那种感觉真的太奇妙了，有不吐不快的兴奋，有抒发情感后的释放，有表达愧疚之后的轻松……对于我的滔滔不绝，他只是腼腆地笑着，有点窘迫，又有点尴尬，最后轻描淡写地说："其实，我真的不需要知道这些……你也不用记挂我，你好好过就好。"

就是这句话点醒了我，让我意识到我从来就没想过，他是不是想再见到我，是不是想听我说点什么，他是不是还在意那些过往。我只是一厢情愿地希望能够表达我未曾表达过的，不是为了他，而是为了自己能好过一点，是为了让自己不再午夜梦回时心像被揪住了一样疼。那天之后的我，终于明白，分手就意味着两人已经和过去画上一条界线，一边是上一季糊涂又冷酷的我和执着又深情的他，另一边是我的未来和他的未来。这条界线的那一边就应该留在那里，不管是上一季的自己还是别人，都没有资格再来牵绊界线这一边的未来。

夏天再长，终会转凉，也许是时候做一些换季的准备了，与其想要紧紧抓住过去补偿故人，不如花点儿时间关照好自己的人生，不打扰，已经是最大的温柔。

终止自我攻击：他不爱你，可能就是他没眼光

一位女性朋友失恋后发起聚会邀请，无论多忙，大家都无一缺席，说是聚会，明明就是"失恋原因研讨会"。更没想到的是，明明是讨论朋友的失恋，我却觉得最受益的是我。

对于她的失恋，大家的看法不太一样：有人说缘分尽了，不必强求，这是把命运交给天意，有豁达也有无奈；有人说是因为双方父母插手太多，恋爱缺乏健康生长的土壤，这是把两个人的事归咎到他人身上，虽有推诿嫌疑但也有现实考量；还有人说都怪对方不争气，不跟你白头到老是他没眼光，这是让对方承担责任，有安慰也有惋惜；而我，又坚定不移地站在了"凡事都要先低头检讨自己"的立场，分析了女方的确不恰当的做法，建议她先改变自己。

她失恋的原因其实挺复杂，每个人都有每个人的道理，视角不一样，自然会有不一样的看法。但我还没说完，一个朋友就打断了我，他虽然语气温和，但字字戳心，他说：不能把什么事都往自己身上推，你这个倾向太严重，你都活得这么累，就别要求

一个刚失恋的人跟你一样了。

这不是你的错

聚会结束后我一直在琢磨朋友的话，也回想起这些年发生的很多事。他说的没错，我早就建立了一种条件反射，无论遇到什么问题，都会努力找到我跟这个问题之间的联系，有时甚至直接认为都是自己的错。工作上业绩平平，是我努力不够；别人拒绝我的请求，是因为我能力不足；恋爱不顺利，虽然也有对方的责任，但主要还是因为自己不够贤惠，没能满足对方的期待。这样的归因方式其实是长久以来鞭策我的动力，因为总能从中发现自己的不足，再不断去修正自己。

把问题揽到自己身上也是最简单的方式，因为相较其他因素来说，自己是最可控的，不必花费心思去琢磨怎么改变别人，搞定自己才能一劳永逸。

常思己过，的确让我从中受益，但渐渐地，这种倾向成了一种压倒性的思维方式，我不仅如此要求自己，也会如此期待他人，我常常忘了问自己："是不是有些问题真的与我无关？是不是有的事情真的不是我的错？"

像我这样去思考问题的人很多，如果任由这种倾向发展，自罪感会越来越重，到那时，常思己过就不是一种动力，而成了一种压力了，遇到问题我们会越来越容易自责，越来越容易自卑，变得畏首畏尾，不敢去面对任何挫折和失败。我想，我们在反思自己、改变自己的路上能不能偶尔歇歇脚，再多打开一点视角，去擦亮眼睛看到那些我们本不该承担的错误，本不属于我们的过失。

或许我们都有过类似的经历，莫名其妙地冲别人发了一通脾气，那个人其实并没犯什么错误；明明对方善意地关心自己，但恰好赶上自己心情很差，反而冷漠拒绝别人的善意；对方已经很努力地跟自己相处了，但我们还是会挑剔他的毛病。我们必须承认，在这些林林总总的琐事里，我们自己也总有处理得不尽如人意的时候。那么当立场对调时，我们同样有理由告诉自己，这些不是我的错，不是我做得不好，把别人的问题留给别人，而不是时刻把本不该背负的责任也扛在肩上。

再回头看那位女性朋友的失恋，以及很多无法继续的关系，我们都不能自怨自艾。在一层一层剖析自己之后，承认整个事件里也有一种可能，就是男方没眼光、他对我的朋友存在误会、他不足够懂得她的好，也是一种解脱。

把问题还给别人

在遇到挫折和失败的时候，明白自己哪方面有提升的空间是智慧，能客观地看待别人的不足也是一种修炼。认得清自己，也不看低自己，不过分怨怼他人，也要把别人的问题厘清，这才是真正的智慧。可能对于有些人来说，把谁的问题还给谁并不是一件难事，但是对于习惯苛责自己的人来说，这件事做起来很难，必须明白这其中的来龙去脉才有可能改变。

回想我自己身上发生的事，我找到了答案。虽然看起来先反思自己是个好习惯，但这个习惯里包含着一种不易察觉的潜意识——自我中心倾向。有些人的自我中心倾向表现得比较具有攻击性，是外显型的；他们做事时会以自己为出发点，不考虑别人的感受，做任何事情都是为自己服务。自我中心倾向也有表现内隐的时候，他们会把发生的事情都跟自己联系在一起，把自己看成问题的罪魁祸首，而不考虑别人在整个过程中会产生的影响。

任何自我中心倾向都是一种对自我的过度迷恋，尽管我也一度不愿承认，但是心里始终还是会有一些信条：只要我努力，只要我变得更好，只要我改正了自己的问题，一切就都可以朝我想象中的方向发展。 正因为这些信条，我才心甘情愿把问题的原因都归咎到自己身上，正因为这种自恋，我才愿意背负错误，为的是有一天也能把所有的成就安心地挂在自己身上。

但久而久之，这种自我中心的归因倾向会变得不再积极，因为问题太多了，可能前一个缺点还没改正，后面的困扰就接踵而来。如果不改变这种倾向，人会变得越来越消极，最有可能发生的结局是无法接受自己。当积累了越来越多的"是我不够好"的想法，就会用"我就是不够好，所以才会一败涂地"这种错觉替换自己的信仰——你就是不够好，所以才会一败涂地。

当然，把别人的问题还给别人，并不是要你矫枉过正，推卸责任，而是叫你不能只顾着低头审判自己，而忽略了抬头看清问题到底是不是与自己有关。

你也必须明白一件事——你的确很重要，你的确能把控很多事，但并非所有事情都因你而起，你无法掌控一切。下雨的天气，不懂欣赏你的上司，拂袖而去的男友，可能都不是你造成的，可千万别错以为自己是"蝴蝶效应"中的那只蝴蝶。

8 提升情绪价值：你们能爱多久？要看能不能提供"情绪价值"

在导致分手的五花八门的原因里，"我跟他在一起不快乐"的常见程度大概仅次于"我们不合适"。两个人在一起快不快乐的确很重要，谁愿意把恋爱谈成折磨呢？排除现实的阻碍，很多恋爱中的不快乐其实是人为的，是两个人共同制造出来的，最直接的表现就是不会好好说话。

语言是最能影响情绪和气氛的，哪怕你们在聊一件高兴的事情，只要有一句话"出戏"，接下来的甜蜜对白就可能演变为激烈的争吵。我最近刚刚谈了恋爱的闺密，哪怕是在热恋期，也频繁地跟男朋友"斗嘴"，男朋友为了陪伴她推掉了一次会议，她心里感动，嘴上却数落他不懂事；男朋友担心她晚归不安全，她很享受这份惦记，但回复消息时又反问是不是在查岗。

原本是为了对方开心才做的事，却因为她没有适当地表达，最后让对方误会，让自己陷入难堪。闺密反思并定义了她的问题：情绪价值低。

情绪价值是良性交换

所谓"情绪价值"，指的是一个人影响他人情绪的能力，在相处中，是让人感觉愉悦还是给人带来烦恼，前者提供的是高情绪价值，后者提供的是低情绪价值。

了解情绪价值的重要性对于健康的恋爱来说，是一件值得学习和了解的事。

"情绪价值"这个词，听起来有点功利，似乎是在把爱情里的付出都斤斤计较地用价值来衡量，但从某种角度来说，也不失为一个不错的方法。因为在任何人际关系里都有人与人的情绪交换，关系也是在情绪交换中渐渐发生变化的。

一个可以时常让你感到快乐的恋人，是在把积极、愉悦的情绪传递给你，你也更容易回馈积极的情绪，在良性的交换中，关系越来越亲密；反之，一个总是让你感到不悦和别扭的恋人，是

在把消极、负面情绪扔给你，你便更容易"以牙还牙"，恶性循环的结果是循环终止，关系破裂。

比如，有这样几个场景：

1. 你换了一个新发型

A：这个发型更适合你。

B：你怎么忽然换发型了？

2. 你分享了一个好消息

A：真为你高兴。

B：这有什么好说的？

3. 你遇到一件不开心的事

A：想听你说说。

B：这点小事，不至于。

每一个场景下的不同回答，都会导向不同的情绪，我相信绝大多数人都渴望得到选项A这样的回复，得到A便更容易反馈A，得到B也更容易回馈B。

看似微不足道的一句回答，经过长时间的累积，会变成一个巨大的情绪能量团，它会影响对对方的评价，也会影响对方对这段关系的期望。而两个人能否满足对关系的期待，长久开心地在一起，就取决于能否为彼此提供情绪价值，通俗地说，就是能用快乐感染对方。

如何提升情绪价值？

想提高自己的情绪价值，让对方感到快乐，要学会两件事，一是学会从积极的角度解读信息，二是多提供积极信息，从改变自己的认知模式开始。情绪价值的前提是爱和真诚。

一般情绪价值低的人也并不是不懂得技巧，只是他们的关注焦点总是偏向消极，无论对方做对了多少件事，他们总是会关注做错的那件事；他们不是不想夸奖对方，也不是拙于表达，而是他们在自己的语言体系里建立了一种条件反射——先反馈消极信息。这就是很多人的困扰，明明想表达善意，但让人不悦的话一不留神就脱口而出，因为大脑"先人一步"，用习惯的方式自动加工了消极信息。

如果此刻有一个好消息和一个坏消息同时呈现在你面前，假设它们对你的影响程度几乎相当，你会更关注好消息还是坏消息？情绪价值低的人往往会更关注坏消息，这会直接导致他们陷入负面的情绪，自然无法传递给对方积极的感受。情绪价值低的人要做的是打破这条件反射，有意识地去练习关注积极的信息，觉察对方身上的优点。

可以记录跟伴侣互动的过程中出现的可以提供情绪价值的情境，接着尝试只做类似 A 选项的回应，这种练习可能并不省事，甚至在一开始显得有些刻意，但这种记录和书写是建立新的条件反射的有效方法，也是不断强化关注积极信息的过程。

这样做不但能在这个过程中学会如何积极地回应对方，提供情绪价值，而且能渐渐获得明朗而乐观地看待世界的角度。当你变得更积极了，你自然能做到提供情绪价值的第二步——更倾向于提供积极的信息。你会发现值得抱怨的事越来越少，而你想要分享的快乐越来越多。

不必担心对方无动于衷，当你改变自己的认知方式之后，你便成了关系的主导者，在对方的身上会看到"皮格马利翁效应"的发生：你给予了更积极的期待和回应，你的伴侣也会更自信、更有动力去成为你期待的样子，你的情绪价值也会得到共鸣和回应，这就是良性循环的开始。

开心地在一起，是每对恋人的期盼，但很多人误解了恋爱中的开心，它不是绝不发生争执和绝不感到不悦，而是尽可能地用快乐感染彼此，让快乐抵消或超越悲伤，提高恋爱质量。

希望在恋爱中的你们，都能生长出创造快乐的能力。

⑨ 用真我去爱：他没有以前对你好了？这才是真正恋爱的开始

女同胞都有过这样的疑问：他现在没有追我的时候／热恋的时候对我好了，他是不是不爱我了？

闺密会告诉你：我家那位也是这样，我也没办法。

野生情感专家会告诉你：男人都是这样的，得到就不珍惜了。

稍微高阶一点的情感专家会告诉你：他不是不爱你了，只是换了一种方式。

摆在面前的选择就两种，要么分，要么继续坚持。

但无论怎么选，好像都很痛苦。你无法确定他是不是爱你，你不知道怎么改变这种现状。而现实是，每段恋爱都会有这样的阶段。

我想告诉你的是，如果你觉得他现在没有追你的时候／热恋的时候对你好了，与爱不爱没有关系，这只能说明你们真正的恋爱关系终于开始了。

无论男女都容易产生一种错觉，那种如胶似漆、激情四射的状态才是恋爱应有的状态，等到褪去激情的外衣，才发现赤裸裸的真相好无趣。尤其是女性，很容易在这时候产生失落感。你会怀念他追求你时对你的百般呵护，你会时常拿刚在一起时他对你的态度和现在的做对比，你多希望时间定格在过去的开心时刻，可是回不去了。火热的暧昧阶段和恋爱初期只是真正建立关系的前奏，失落的你却误以为这才是恋爱关系的本来面貌，自然会有不适和怀疑。

区别恋爱时的真我和假我状态

你必须明白，虽然你们经历的甜蜜和浪漫都不是假的，但那时候的你们自己却是假的。可以说，处于恋爱初期的人，都不是自己真正的样子，都没有用真实的自我与对方接触。在荷尔蒙分泌旺盛的时候，一切热忱和关怀都会被放大，那个时候体贴的他和温柔的你，都处于一种在浪漫情境中催生出的"假我"状态，或者只是部分的自我而已。

谁都知道追求阶段和恋爱初期最重要的就是稳固关系，为了完成这个最重要的任务，你们势必会投入更多，会表现得更完美。所以，尽管你们谁都不是故意在扮演一个"假我"迷惑对方，但潜意识激发了你的热情。这就好像你刚进入一家公司工作，最卖力的时候一定是试用期，等到签了正式合同，职场"老油条"会减少投入，甚至开始偷懒。这不能算是人性的劣根性，只是每个人都有那么一点狡黠。

等到热恋期一过，假我方才退场。他对你不再无微不至了，你也不再那么善解人意了，你们的"真我"或者说更全面的自我开始显现，而这个时候真正的恋爱开始了。毕竟，两个都在表演的人是很难建立真实的情感关系的。这时候，你们要处理的第一个问题就是，如何适应这种虽然真实但不够完美的恋爱状态。不要以为只有女人才会在这时候失望，男人也会有这样的犹疑：她好像不如之前可爱了，不如之前那样能够理解我了，开始变得斤斤计较了。

你们谁都没做错，只是当"真我"突然出现在彼此面前，两个"真我"之间产生了不够愉快的交互。毕竟你们对彼此的认知还停留在"假我"阶段，还在用以往对方的表现来要求彼此。如果能早一点明白热恋终会降温，有这样的心理准备，或许你们都能更宽容地看待彼此。但是，还会有人无法接受逐渐冷淡下来的关系，会觉得如果他对我没有以前好，我就不想再继续这段恋爱了。

这种心情可以理解，但这种想法非常荒谬，因为它完全是一种巨婴的心态。**只有在婴幼儿时期，还没有独立生活能力的时候，你才有可能得到他人无微不至的关怀和照顾。长大后，你还期盼会有一个人每天都热恋般地愿意舍弃自己的人生，按照你想要的方式对你好，这种期望本身就非常幼稚，且不切实际，它说明你的婚恋观并不成熟。**伴侣之间彼此关怀和照顾有一个前提，就是首先要把自己照顾好，然后才有可能拥有健康的恋爱关系。那些奢望热恋期后对方还能让你衣来伸手，饭来张口的姑娘，你要找的可能不是一个男朋友或丈夫，而是婴儿阶段你需要的父亲或母亲。

搞定别人，不如先搞定自己

虽然有很多所谓的情感专家会教你如何搞定一个男人，如何让男人像热恋时那样对你好，但他们不会告诉你这样做的后果和代价。如果一个男人能几十年如一日地如热恋般时那样对你好，他为此放弃的东西你能承受吗？人的精力、心思和时间皆有限，生命当中要完成的任务和成长的需要却数不胜数，把全部资源都投掷到一个方面，势必会减少在其他方面的收获。

我没有遇到一个能每天变着法子哄妻子开心还能把事业也做得风生水起的男人，如果真有这样的全能男人，遇到了是奇迹，可是遇不到才是人生的常态啊！他有他的事业要忙，有他的朋友要来往，有他的父母要照顾，还需要培养爱好和丰富精神世界来滋养自己。奢望他像追求阶段和恋爱初期那样把几乎全部的时间、精力和心思都花在你身上，他就只能荒废其他，而一个一事无成、只会对你好的男人，是你想要的吗？变成巨婴获得一个人对你的好，又对你是否有好处呢？

在现代社会，女人要做的事其实不比男人的少，你也一样有自己的生活。每天思考他为什么不如从前对你好，会侵占你事业上追求进步、生活上追求质量的时间和机会，如果把时间让给自己，这件事对你的困扰也势必会减少。如果你真的希望能做点什么去改变现状，切忌去追问不休，你要做的事是平衡自己的需求。

热恋期会让女性留下"后遗症"，总会把以往他对你好的标

准当成起点，这个起点拉高了你的需求水平。 可能原本不需要对方为你做些什么的情况也能激发你的需求，这种"后遗症"不应该成为常态，要区别哪些需求是"虚高"的，是不必要的，才不会让自己欲壑难填，才有可能客观地去看待对方为你的付出。

假使真的有些话需要沟通和表达，也不要采用指责和抱怨的态度，用"真我"去交流不代表毫不顾忌地展示负面情绪，因为这样不但解决不了问题，消极的态度还会阻碍对方敞开心扉。

我也经历过那个阶段，处处盯着对方在热恋期过去后如何对待我，那种氛围让对方不适，也让自己不安。看清了恋爱本来的面目后，我更能接纳平淡的关系，因为我明白了真正的对我好不是处处满足我无理的高要求，而是两个人都先做好自己的事，打理好自己的生活，再踏踏实实地去爱对方。

第三部分

秩序与自由：越醒觉越自由的我

第七章
内心秩序新构

 与焦虑相处：社交焦虑，究竟在焦虑什么？

　　一位朋友曾经有过社交焦虑，他频繁缺席聚会，并且给出的理由越来越花样迭出，从加班到身体不适，从家里的狗生病到衣服洗了没有出门能穿的，直到最后干脆不回复邀约的信息。他以前可是特别热爱聚会的人啊，可当我们生活在同一座城市之后，见面只需往返一小时的车程而已，他却再也不露面了。

　　后来我试探性地问他是遇到什么困难了，还是真的太忙。他支吾了半天说，他觉得自己好像得了社交焦虑症，想到跟朋友见面就特别紧张，参加聚会的前一天晚上甚至会焦虑到睡不着。所以他干脆拒绝参加所有社交活动，除了与工作相关的应酬。他变成了一个彻头彻尾的宅男。

为此我还发起过一个小调查——你是否因为社交而感觉焦虑过？有近 100 名人回答了这个问题，根据得到的答案，里有 62% 的人都有不同程度的社交焦虑。看起来，社交焦虑真变成一种"流行病"了。有很多人因为焦虑而减少甚至回避社交，难道以后我们的来往只能通过社交网络这种虚拟渠道了吗？

朋友问我该怎么办，或许深受其苦却找不到出路的不止他一个，在社交焦虑还未升级成更大的问题之前，每个人都应该自查、剖析和找到解决办法。因为每个人都不是一座孤岛，社交网络是我们赖以生存的条件之一，回避社交绝不会减轻困扰，还会带来更严重的问题。

你焦虑的是社交的结果

我跟身边有这类困扰的人聊过之后发现，其实真正让他们感到焦虑的并不是社交本身，而是社交带来的结果。就像有的人害怕坐飞机，有的人害怕走夜路，他们所担忧的都是这件事会带来什么样的结果。害怕坐飞机是怕遭遇不测，不想走夜路是怕遇到危险，而社交焦虑背后的动机更为复杂。

社交不是一件简单的事情，它需要我们明确社交的意义、清楚自己的目标、了解自己、了解他人、在社交过程中找到合适的沟通方法、对他人的反应做出适当的回应……诸如此类烦琐的环节构成了社交这一复杂的人类活动，其中任何一个环节出错，都可能影响人们的社交体验。面对这样烦琐、有挑战的事，焦虑其实是一种正常的情绪。只是使这种必然产生的焦虑保持适度才是有积极意义的。

通常，对社交有适度焦虑感的人是更值得交往的人，他们对他人的情绪更敏感，更善于倾听，也更容易理解和体谅他人。因为适度的紧张会让他们更容易察觉周围的变化，而不是只关注自身，对他人的情绪反应迟钝。可是一旦这种焦虑超过正常水平，就会像我的朋友一样，被社交困扰，出现退缩行为。

社交焦虑的原因

1. 控制感丧失

诚如前文所说，社交不是一件简单的事情，并且其中有很多我们控制不了的环节。有一部分社交焦虑的人正是因渴望控制感而对社交望而却步。相比社交而言，打游戏、看电影等一个人能完成的活动对于他们而言更为轻松自在，因为自己可以选择和控制的部分更多。但在社交活动中，他们要面对陌生的环境、陌生的人，即便是跟相熟的人聚会，他们也无法预测和控制对方说什么、自己该做何反应,更不要提社交中可能会遇到的尴尬窘境了——如果话不投机怎么办?如果冷场怎么办?如果产生矛盾和冲突怎么办?这一系列不由自己控制的问题便是焦虑的来源,他们光是在脑海里想象这些情况就觉得头疼,更难让自己在真实问题出现的时候感到舒适和应对自如了,因为他们感觉自己控制不了局面。

2. 固化的社交模式带来的不适

我们从出生起就开始了社交活动,跟父母、亲戚、邻居、同学等的来往,都可以称之为社交。所以,在长大之前,我们已经积累了一些关于人与人之间交往的经验和价值观,形成了我们初始的社交模式。比如,在小学时,同学之间的交往就是大家结伴学习、上下学、玩耍,这是一种相互支持和陪伴的社交模式。但到了大学时代,每个人选修的课程、作息时间、爱好都不一样,先前的支持和陪伴模式不再适用,更适合的是以精神交流为主的模式,比如跟同一社团里的成员聊爱好,跟有相同求职目标的人聊实习经验。等到进入社会,同事之间的交往基于合作、共同完成工作目标,与大学时代也不相同。可以发现,没有一种社交模式可以贯穿始终,让人无往不利,我们在面对不同的对象时都要采用适宜的方式。

有的人会在社交模式的转变中感到不适,因为以往熟悉的方法不再起作用,他们会感到茫然,还有可能在人际交往中感到挫败。这也是社交焦虑的来源之一，他们还未掌握多元化的社交模式。具体而言，他们可能不知道面对新同事该说什么，跟朋友的恋人该以什么尺度相处，面对合作伙伴该保持什么样的沟通频率，等等。从前建立的人际交往模式越固化，它带来的阻滞越明显，因为要改变自己去适应不同的社交情境的确需要时间。

3. 被评价的压力

如果说前两种是相对个性化的社交焦虑来源，那么担心自己被评价可以说是更普遍的原因。不得不说，外界的评价是很多人的压力来源。人人都担心自己看上去不够好、不足以让别人喜欢。**社交之所以让人感到焦虑，就是因为每个人都试图表现出自己其实并不具备的品质。**即便不是刻意为之，也会不自觉地努力散发魅力。

你担心别人说你不大方，所以你抢着买单；你担心别人说你无趣，你努力讲段子；你担心别人觉得你的负能量太多，你不敢吐苦水。长期处在这种社交状态当中，谁会不焦虑、不疲惫呢？我的朋友投资失败，怕别人觉得他是个失败者，由此才产生了社交焦虑。

当然，引起社交焦虑的原因不局限于这三种，情境因素、个人生活当中的压力和自我认知等各种因素都可能会引起暂时的焦虑，并直接反映在社交活动当中。但无论是什么样的原因引起的社交焦虑，都并非不可救药，它可以缓解、减轻，也有机会彻底改变。

焦虑来袭时，你可以做些什么？

首先，直面你的焦虑，承认它的存在。

有的人讳疾忌医，有了社交焦虑不承认，总是给自己找各种理由回避社交，这样只会让症状越来越严重。当你意识到你对社交感到不同以往的压力、紧张甚至想逃避的时候，别逃避，你要坦诚而确定地告诉自己你的确有社交焦虑。就像如果你不承认屋子里有一只困扰了你很久的苍蝇，你永远不会主动选择挥舞苍蝇拍去消灭它。承认焦虑并不丢人，每个人都有自己的问题，焦虑更是一种普遍的存在。

其次，找到真正的原因。

如果是暂时性的焦虑，由临时具体的问题引起，那么你可以不去理睬焦虑。但如果是由前面所说的三种情况引起的焦虑，便要精准击破。解决的基本方法是，在哪遇到的问题依然要在哪解决，就像人永远不能在陆地上学会游泳，社交里的问题也要回到社交情境中去解决。

控制感低的人首先要认识到，纵然你再无所不能，你可以控制的也只有你自己。你控制不了的部分不是通过社交就能完全避开，它们依然会存在于你的生活当中，例如，突如其来的大雨、意外的交通堵塞、无法预料的工作变动。你能做的不是努力去改变你不可操控的部分，而是接受它们的存在，调整可控的部分，比如你的心态和沟通方式。社交活动正是一个难得的练习场，你要学习适应控制感低的社交场合，并在不断的调整中找到应对不可控事件的方式，这样的技能还能够应用到生活的方方面面。

如果是固化的社交模式引起的焦虑，你可以通过观察和学习来改变。多参加不同的社交活动，即便你还不懂得如何应对，但你能观察和模仿，看看那些在人际交往中如鱼得水的人是如何应对的。

此外，充分暴露在社交场合中，也是在逐渐打破错误的认知与你的联结。因为社交和焦虑已经在你的心中建立了较强的联结，要想打破这种联结，你必须要充分适应社交场合，如果你能对社交活动感到自如，适应感就会变强，焦虑感也会随之降低。

对于因担心外部评价而逃避社交的人来说，要学习的并非如何在他人面前维持良好的形象，而是如何做更真实的自己，不扬长亦不避短。没有人能把自己不具备的特质表演一辈子，也没有人一无是处、毫无价值，表现真实的自己是社交中难能可贵的品质，更何况你究竟是个怎样的人并不立足于他人的口舌之间。

最后，学会跟焦虑做伴。

对于部分人来说，社交焦虑只能减轻，却无法根除。但这并不意味着你终生都无法有正常的社交活动，一直痛苦下去。接纳它会一直存在也是一种治疗方式，就像一些慢性病一样，把它视为人生的一部分，你依然可以与它共生，且能不受其累地好好生活。

如果你尝试了各种办法，都无法在社交中感到完全的舒适和轻松，那么你要做的就是，总结经常让你感到紧张的情况，以及它可能给你带来什么，你又有哪些办法可以尽量避免糟糕结果的发生。**你要变得像熟悉自己一样熟悉社交焦虑。**比如，经过你的尝试和总结，你发现相较于两个人见面，多人聚会让你感到有压力，让你不自在、只能持续沉默，但是你可以通过跟参加聚会的人里比较相熟的人交流来让你感到愉悦和轻松。那么当你下次再遇到这样的情境时，你便不会手足无措。即便焦虑依然存在，但你知道你可以应付得了，你有管用的办法。

还有一种让你跟社交焦虑和谐相处的方法，就是明晰你的社交愿望是什么。你一定不是毫无原因去参加聚会的，一定是有所期待才愿意克服社交焦虑去社交场合的，这个原因和期待便是你的社交愿望。无论出于何种原因，它都是能让你不再过度关注自身焦虑的好办法。当你在社交中把更多的注意力放在社交愿望上，焦虑便不会时时困扰着你。

如果你正在面对社交焦虑的问题，不必过度担忧，焦虑本身并没什么可怕，可怕的是你不知道自己究竟在焦虑着什么，因而逃避问题。如果你能像了解这个世界一样去了解自己的社交焦虑，愿意直面它、缓解它、与它和谐共存，那么你解决的不仅仅是社交焦虑，而是在征服世界的路上又迈出了一大步。

❷ 应对冷暴力：遭遇了冷暴力，如何"救"自己？

经常在电视剧里看到生活中熟悉的这个情节——女主角早上起来第一件事就是查看手机有没有电话和信息，发现男朋友没有联系她，很失落。接下来的一天里，她几乎每隔几分钟就看一次手机——没有消息、没有电话，她什么事都做不下去，甚至怀疑是不是因为手机出了问题、网络断线或者这个男人出了什么意外才没有联系自己。她实在按捺不住焦急的心情，主动打电话过去，男主却轻描淡写地说一句"我在忙"就匆匆挂断电话。

你有没有经历过别人对你的冷漠对待？你有没有在一段人际关系当中莫名其妙地从热情高涨的状态瞬间跌落到冰点？你有没有体会过那种并没有发生实质性的改变，但对方每一个反应都像兜头泼下一盆冷水，让你瞬间打起了寒战。突如其来的身体暴力，可能会瞬间调动你的防御机制，让你进入应战状态，你知道要躲避，要抗争；可是面对这种精神上的冷漠和轻视，你会很难接受，茫然失措，你想知道他究竟怎么了，你又该怎么办。

冷暴力无处不在，在家庭、工作单位和学校里，尤其在婚恋关系当中，它会出其不意地破坏亲密感，甚至破坏你的自尊和自信。不回复信息、不接电话或者回应非常冷淡，不主动联系你、找各种借口拒绝交流和见面、面对你的质疑和诘问毫无反应或者敷衍了事，甚至反唇相讥把问题都推到你身上……这些都可能是对方精神施暴的表现。而这，大多都是因为新鲜感耗尽引发的冷暴力。

很遗憾，没有任何情侣能始终如一地处在热恋之中，激情和新鲜感消耗完之后，倦怠会随之袭来。在热恋期，你们恨不得能每分钟都腻在一起，什么个人空间、私人生活统统都不重要，好像一切都可以为恋爱让路。但是人性使然，我们终究没有办法一直持续这种如胶似漆的状态，感情也没办法持续升温，只能任由它在温度最高点冷却。

冷暴力就属于热情急速下降的并发症，人会厌倦，会感到无趣，会回避之前的亲密，想要回归到私人空间当中。有的是出于客观原因不得不重新处理之前因恋情被耽误的工作，有的是主观上想要重新争取一些私人时间去整理自己的状态。如果恋人说想自己待一段时间或者想最近减少见面，大多数人的反应会是追问不休："为什么会这样？你怎么了？出什么事了？还是我哪里做得不好，你不想见我？"如果对方告诉你，并没有特别的原因，只是想独处，似乎又不太合理。

每个人的节奏都不一样，无法预测是急速还是匀速改变，甚至从热情到冷漠的急速转变也是那个忽然冷下来的人自己很难控制的状态。他们很可能需要独处但又担心直白地表达会让对方产生误会，只能回避、闪躲，或者用忙碌当作借口。遇到这种情况，被冷落的一方也有办法解决。

面对冷暴力，你可以这样做——

首先，充分地理解。

可能你的热度还没有退却，但对方先冷却了下来。每个人的节奏不一样，不是像考试结束铃一响，每个人就都必须停笔交卷，总有一个人可能会先从激情状态中探出头去呼吸新鲜空气。在另一段关系中，你也可能是先于对方感到厌倦的人。告诉对方，你能理解他的变化，你愿意给他时间和空间去面对自己的心情。

其次，给对方一段留白的时间。

这段时间对方可能需要调试，需要在相对冷淡的关系当中去重新认识自己、思考关系，他可能也没有完全能够适应跟另一个人亲密无间地相处，而冷却后正是调整节奏的时机。冷漠的一方可能并不会有计划、有目的地去做什么，只是像原来一样，忽然想跟伙伴打打游戏，多跟同事、朋友在一起，或者像原来单身时一样独自做事。这些看似平常的事情却往往承载着一种延续的意义，是一种让他意识到他仍然有独立空间和个人生活的可能，而这些可能看似在你们热恋期已经消失。当他意识到两个人过于亲密时，他需要透一口气，确认即使在恋爱中他也不是被束缚的，他需要"松绑"。

再次，也给自己一段独处的时间。

你同样也需要这样一个机会重新审视热恋中的自己、你们的关系以及未来。在荷尔蒙爆发的时刻，处于甜蜜期的情侣很容易忽略问题，只放大对方的优点，持续这种不清醒的状态只会让双方在接下来的相处中暴露更多的问题。这些问题不是不曾出现，只是被激情蒙住双眼的你们看不见。你正好可以在独处的时间里，去思考在接下来的相处中有哪些要注意的问题以及你对他的期望和要求。同时，适应恋爱中的独处时光，在这段时间里完善自己。一定要坚持有事可做，发展兴趣爱好或者参与社交活动，哪怕只是跟朋友喝咖啡、逛街，都能让你转移注意力。要记住，你最应该关照的是自己的生活，而不是时刻把心思放在对方身上。

最后，适度沟通和见面。

冷却不代表彻底切断联系，适度的沟通是很重要的，表达关心、问候，以及一些生活上必要的交流都可以正常进行。你也可以选择告诉对方你在做什么，尽量传递出你也可以适应这种独处的信号。独处期间不是一定不能见面，但要提高约会的质量，不要为了见面而见面，也不要两个人见面后无事可做，这样只会让双方感觉更疏远，觉得恋爱没有意义，同时也会让对方更想回归到独处空间中。

如果顺利，可能不需要你去刻意做什么，两个人自然而然就能回归到正常的恋爱生活当中，可能你们会比热恋的时候见面少，但变得更有规律、更节制。如果冷淡期持续得稍微长了些，你也可以理性地跟对方沟通，讨论你所意识到的问题以及改变现状的解决方案。

总之，面对冷暴力，你要先过好自己的生活，并传递给对方你也过得不错的信号，在调整期反省你们的关系和你自身的问题，用理性去沟通。

应对冷暴力，你不可以做——

1. 千万别急着下定论

大多数人遇到冷暴力时，脑子里一定都堆满了问号。你会越来越困惑，你有各种假设需要去验证——他为什么不联系你了？他以前不是这样的，为什么现在会这样？

你没有线索，只靠猜想，会简单地认为不是他的问题就是你的问题。**很多人会在这个时候有两种表现，一是指向内在的自责，认为是自己不够好；二是指向对方的责难，认为他不爱你了。**

无论产生这两种想法中的哪一种，你都不会快乐。自责会让你闷闷不乐，整天怀疑和否定自己，把精力和时间浪费在自我否定上。你会对自己产生更多的不自信，这样的状态恰恰验证了你这段时间的自我怀疑——"原来真的是我不够好"，长此以往，在恶性循环中，你很难再重建自信。

责怪他人不再爱你，会让你感到愤怒、伤心，甚至情绪爆发，朝对方发脾气，质问他为什么不爱你。你是要讨个说法，但对方只会感到莫名其妙，觉得你是在无理取闹——"我不过是想要一段独处的时间，我现在也很心烦意乱，你还要责难我，甚至上升到爱不爱的高度"。这样的行为完全是在把双方的关系推向悬崖。

所以，千万不要轻易下结论，时机未到，你现在要做的就是接受恋爱关系当中必然出现的这个阶段，同时过好自己的生活。想要的答案，时间会给你。

2. 不要以冷制冷

像我这般刚烈的人，在遭受冷暴力后，其实是比较难以接受的。有时一种破坏性的想法会油然而生，"你这么对我，我也会这么对你""你不理我，我更不会理你"，甚至当对方想要主动接近时，会有一种报复心理——"你现在想理我，我还不想理你呢"。如果你真的不想再跟对方发展关系，只想图一时之快，那么你大可以这么干。**但凡你还想平稳走过过渡时期，跟对方继续发展，那么请千万不要以冷制冷，记住，恋爱不是较量，而是一种配合与协作。**之前说的冷静处理不同于你也用冷暴力还之彼身，冷静处理是为了解决问题，还想继续沟通，而冷暴力是一种惩罚，会导致终止沟通。不同的处理方式将导向不同的结局，请慎重。

3. 别急着证明你的存在

有些人也会在这个时候以各种形式唤起对方对自己的重新关注，但又无法跟对方直接联络，只能借着各种社交平台来展示自己，希望引起对方的注意，打破冷漠状态。比如，过分在朋友圈里展示生活和表露情绪，证明自己现在过得特别好，好像比热恋时还要好；或者表现得凄凄惨惨，好像没有对方活不下去。这两种表现都有些过火，确实能够达到让对方注意到你的效果，但只能引起对方的反感。过得那么好还谈恋爱干什么呢？让对方感觉不到你需要他；过得不好也只会传递一种消极的情绪，让对方顺着这种情绪联想到你的缺点、你们相处时的不快。

不要说过激的语言，比如"一个人更精彩""没有你，我过得更好"这样的话，会伤害对方的自尊心，适得其反。正确的做法是，表现得尽量如常又比较积极，让对方安心认为你能处理好这个问题，看到你积极乐观的一面，这也能激发他的积极性。

识别"恶性冷暴力"

前面说的都是新鲜感耗尽引发的冷暴力，是比较乐观的情况。但是冷暴力也有可能是恶性的，是对方放弃关系的表现。有两种情况也能导致冷暴力的出现，第一种是他想分手又不知道如何说出口，只能用冷漠和拖延等着你忍无可忍主动说分手；另一种是有了新的目标，但还处在未确定关系的状态，只是把冷淡留给了你，把热情给了别人，一旦他跟另一位暧昧对象有了实质性的进展，他会立即离你而去，现在不挑明，只是想留一个退而求其次的选择。

如果对方的冷暴力持续了一个月以上，你的主动示好和改善关系都得不到回应，基本上可以考虑放弃这段关系。实施冷暴力的男人其实最软弱，他们的目的就是通过冷暴力的方式逼女人自行离开，同时塑造自己的"绅士"形象，这样一来，他既不用承担任何道德上和经济上的责任，也不会给人留下始乱终弃的坏形象。不爱了、决定放弃关系的时候还想着自己的颜面、不考虑对方的感受，是非常自私的行为。

不爱不是最让人痛心的事，最痛心的是不能严肃地对待和尊重彼此以及彼此的关系，用伤害他人的方式结束。在这种情况下，你再积极主动也很难挽回。没办法，恋爱同样需要运气。你要做的不是苦苦等待最终的宣判，而是在解决问题未果的情况下，主动提出分手。

从心理感受来讲，主动做出选择要比被动接受选择好很多，尤其是对方的问题更大时，你主动原谅能体现你的大度，你主动提分手会比对方提有更好的回旋余地。

恋爱不是理想的影视剧，大部分人其实都很难把握恋爱中的节奏和尺度，也很难在恋爱中运筹帷幄或提前布局，做到宠辱不惊，就更别提恋爱前学到的"扑朔迷离、若即若离"的推拉技巧了。

并且，恋爱也不是你学了一身本事就一定能轻松驾驭得了的，有时候我们还需要一点运气来遇到那个对的人，而更多的时候应该保持理性，该爱的时候爱，该清醒的时候清醒，该离开的时候离开。

③ 弹性认知：你永远拥有犯错的权力

春天值得躁动，经过冬眠和雪藏，各种情绪和想法都在四月喷薄而出，收都收不住。于是心思活络，头脑混沌。在这个春天我犯了很多错误：丢钥匙、炒菜放错佐料、在地铁闸机前拼命刷工卡、发现衣服前后穿反后恼羞成怒地把它揉成一团发泄不满。是的，我对自己不满，一直以来我对自己要求的底线就是不犯错，然而层出不穷的失误给我制造了一个又一个麻烦，我在自己制造的混乱中理不顺生活。数不清的小失误让我感觉每天都走在犯错的路上，虽然没有给我带来彻底的失败，但这感觉让我找不到什么是对的。

老天听不见，我便对着自己一遍遍地谴责："喂，你怎么这么蠢？"恰逢身边的朋友也来找我倾诉——这么多年兢兢业业地工作，只是因为一个小问题就被领导不再信任，陷入不知是去是留的困境；感情方面一直克己复礼，从未越界，却爱上已婚男人，感觉自己的人生就要陷入不可挽回的错误深渊，再也爬不上来。

我深知那种感觉，一个接一个的错误就快要把自我碾碎，拼不起来这些年努力编织的完整的自我。在一次次触碰自我要求的底线后，犯错后的我们迫不及待想要改变，也会像个哲学家一样思考，为什么会犯错？怎么才能不犯错？

会犯错，不是你的错

一切只因这个世界虽然包罗万象，但是还未形成健全的容错机制。考试时你答错了一道题就可能落榜，求职时你的一个错误回答就会被否定，旅行时走错了一条路可能会浪费本就不多的假期时间。于是大部分人这一生都在小心谨慎，努力做到在紧要关卡选对路，看准人，站好队，躲过一切可能发生的错误带来的伤害。因为有太多的人告诉我们，有些事不能重来，机会不会一直等你，世界不允许你失败。

也是因为秉持着不犯错的信条，我们也从未给自己在心里保留一个容错的位置，渐渐只能接纳永远保持正确的自己。更何况，周遭的人也并非永远心存善意，同样用"不犯错"的准则要求着他人。男人晚回家一次是错误，要被惩罚；女人少做一顿饭是错误，要被数落；员工没提前完成工作是错误，要被批评；朋友不愿意借钱是错误，要被非议。所以，真正不拘绳墨的又有几个？

人们都在尽可能敏锐地察觉任何可能带来错误的风吹草动，一经发现必须扼制，我也同样。天色阴沉，出门一定要带伞；出门前必须确认带好钥匙、钱包、手机；发送邮件前要反复读三遍，使用任何电器前都会认真阅读说明书；去陌生的地方要开导航；跟人谈话会打腹稿；甚至非常不喜欢穿颜色鲜艳的衣服，因为太容易搭配出错……我们把自己捆绑在一个必须永远正确的人生轨道上，建立了一套保守、不出格的规则。

犯错又如何？

一旦犯了错误，打破了自己的规则，就觉得天理难容。于是，我们就这样在纠结、内疚、被别人指责和被世界嘲弄的过程中，忘记了一些事实——走错路可能遇到意想不到的风景，工作失误可以获得更深刻的经验教训，爱错了人可以去伪存真，更清楚自己适合什么样的人。在我们对一件事还不那么清楚、了解、明确的时候，我们跟心理学家沃尔夫冈·柯勒（Wolfgang Kohler）试验中的那只猩猩也许并没有区别，都是在"尝试——错误——尝试"的模式中摸索自己的生存办法罢了。

更何况，并非所有的错误都不能挽回，并非做对了事情就一定会满足快乐。人生总要继续前进，谁不是在错误的激流中勇敢前进，在挫折中成长？而那些给自己建立的规矩和要求就一定是对的吗？在没有伤害别人、明确大是大非的基础上，那些准则是否真的有对错之分？

在社会中扮演各个角色的人只要一直遵守既定的轨迹和别人

不切实际的期待，永不犯错，就可以给自己的人生一个圆满的交代吗？有人说过，世界上最暴力的语言是"像个男人""像个女人""像个妈妈""像个学生"……往往就是这样的话伤害了我们。大家都是头一遭来这世上，难免生疏，所以犯点儿错误又如何？如果犯错后依然有改正的能力，有宽宏的胸怀，有继续踏实生活的自信，这个错误就值得，因为这些才是你继续成长和进步的最根本的底气。我会继续在错了改、改了错的千锤百炼中守住这份底气，希望你也是。

④ 清醒判断：鉴别婚恋关系中的危险分子，看这两点

这些年被曝光的杀妻案真的不少，每次看到这样的新闻都觉得触目惊心，看到评论里的"不婚不育保平安"也都觉得心酸。结婚生子原本是通往幸福的一条路，现在怎么感觉像是以加速度奔向死亡呢？人在恐惧面前，都会有防御机制，但大可不必抵触婚姻、仇男，负面新闻的报道不是用来制造恐慌的。

我们的确接收了很多引发恐惧的信息，但从另一角度来看，我们也可以从中总结出一些规律，学会识别危险的人和危险的关系。就像去驾校学习，交规课上也会放映很多惨烈的交通事故，但那不是为了恐吓大家一辈子别开车，而是一种提醒，要对可能

发生的危险有所警觉，学习如何避免伤害，保持清醒能让你最大限度地远离危险。

关于如何鉴别婚恋关系中的危险人物？我想给出两点建议。

了解对方如何调节情绪

不论是利他的还是伤害他人的行为，背后都有一个核心诉求，就是发泄个人情绪。行为都是由情绪驱动的，哪怕是变态杀人狂，他们也是为了一个"爽"字，"爽"就是情绪，因为平时很"不爽"，自己又没有消化情绪的能力，所以通过非常极端的行为发泄情绪。

在婚恋关系里，情绪是拌嘴和争吵的必然产物，但这不代表拌嘴和争吵都会引发暴力、危险的行为，这其中有人的情绪调控机制在起作用，例如，自我劝慰、找朋友倾诉、买东西、出去玩、哭泣等等，这些都是相对而言无害的调节情绪的方式。但有两种有害的情绪调控机制，可能会把人推向极端。

一种是"暴怒型"。拥有这种情绪调控机制的人在矛盾面前会大发雷霆，破口大骂，有时还会从语言暴力上升到身体暴力，这种身体暴力不仅包括指向自己和对方的，也包括指向"第三方"的，比如通过摔东西、砸墙的方式把情绪发泄在外物上。这种发泄情绪的方式是不可控的，也许起初还在相对安全的范围内，但可能下一次就"由物及人""由伤害到杀害"。他们被情绪奴役的时候，人也好，物也好，对他们来说都是无差别的，都只是发泄情绪的工具而已。

另一种是"压抑型"。 有些人看起来脾气很好，好像完全不会生气、情绪不外化，但这种情绪处理方式也是自带危险属性的。情绪无关修养和情商，因为修养再好、情商再高的人也是有情绪的，只是不那么激烈和明显，而是用相对收敛的方式去表达。"压抑型"的人对外会完全封闭自己的情绪，甚至表现出完全相反的情感。

还记得《隐秘的角落》里的张东升吗？当得知妻子要跟他离婚，岳父岳母也都赞成他们离婚时，张东升心里是有不满和委屈的，但是表面上他依然不动声色，有时还表现出令人难以置信的平和。把情绪压抑在心里，负面情绪就会呈指数级增长，成为一个巨大的足以碾压一切的能量团，任何事都可以成为导火索然后引爆它。

"暴怒型"的人易被察觉，但"压抑型"的人反而往往让人觉得安全，这就是所谓的"老实人效应"。 你觉得他连脾气都不敢发、不会发，又怎么会做出伤害别人的事呢？ 真实情况恰恰相反。就是因为他们不会合理地表达情绪，把情绪压抑在心底，说明他的情绪调控机制是失灵的，负面情绪不断累积，迟早有一天他们会被情绪奴役，做出不可控的极端行为。

情绪调控方式是一个人能否保持稳定的重要指标，如果你在交往过程中发现对方常常暴怒或极度压抑，一定要有所警觉。 哪怕他们不是禽兽，也是猛兽，也会伤人。

了解对方的归因方式

简单地说，归因方式可以分为两种——内归因和外归因。当两人拌嘴时，有人会觉得都是对方的错，这是外归因；而有人会低头审视自己是不是没做好，这是内归因。再比如，当工作不顺利时，有人会认为都是公司和领导的问题，这是外归因，有人会反思是不是自己没有处理好、能力有待加强，这是内归因。性格决定命运，其实，归因方式也能决定命运，甚至是别人的命运。

习惯性外归因的人爱抱怨、爱推卸责任，他们就很少去改变自己，遇到问题时只会坐以待毙，状况是不会好转的；而习惯性内归因的人，会反省自己，提升自己，改善自己的生活。如果只是影响自己也倒也罢了，外归因还会波及甚至伤害周围的人。因为总是把问题推给自己以外的人和事，他们的注意力也都指向别人的错误、如何惩罚别人的错误以及怎样发泄自己的不满。他们认为自己的需求没有被满足，都是社会不公造成的，所以他们的思维逻辑并不聚焦于如何解决问题，而是直指如何报复、伤害他人来获得满足。

合理健康的归因方式是有弹性的，直白的说法叫"就事论事"，既能察觉别人的错误，也能识别自己的问题，客观看待事物。如果你的伴侣频繁运用外归因的思维方式，那被抱怨可能只是最轻度的折磨，最怕的是有一天你成了他报复外界的替罪羊。

最后，还是要说明，即便符合以上两点，也不代表这个人就一定会做出极端行为，也不意味着这个人可能成为杀人犯。但一段让你不舒服的关系、一个让你不开心的人，在最糟糕的事情还没发生前，离开他是保护自己最好的方式。

5 摆脱束缚：说你强势的人，其实是不够懂你

我最怕也最不喜欢跟这样一种人打交道：做任何事之前，都先摆出自己的难处和不易，先占妥下风。工作中，他们常常说这个不会、那个不行："我还刚起步，你帮帮我。"生活里，他们也会如此，今儿不舒服明儿家里有事："我这么辛苦，这件事你替我办了吧。"还有一种看似稍微高明点的方式，曲意逢迎，溜须拍马，身段都是一样的软，目的都是想捞点好处。

他们渴望唤起对方的同情和怜惜，从而获得好处。这是一种手腕，但这种手腕已经过时了，也不值得尊重。不是势均力敌的博弈，也不是旗鼓相当的合作，反而有点下作和不体面了。帮一次可以，照顾两次还算说得过去，可是人们最终只会选择和真正强大的人一起往更远处走。因为在弱肉强食的社会，最后收服人心和获得成功的从来不是弱者，而是强者。强势相对于弱势，似

乎并不讨喜，强势有居高临下之嫌，这也是很多人对强势的表面理解。

听到别人用强势来评价一个人的时候，我们往往会觉得它是负面的，但实际上，强势跟大多数性格特点一样，它是个中性词，既有好的一面，也有糟糕的一面。糟糕的是，性格强势的人在开始接触时会给人难以接近、独断专行的感觉，好的一面是他们有主见，性格果断，会主动去影响他人。

我想为强势正名，它并非一个绝对的缺点，相反，我恰恰认为，你应该做一个强势的人，也应该跟强势的人交往。强势中糟糕的一面可以被修正和改善，但谁都不能否定强势的积极作用。**正是因为强势的性格有好的一面存在，强势的人才更容易成长为独立、强大、有行动力、有影响力、更容易获得成功和幸福的人。**

强势的好处

1. 强势能帮助自己成长

总是以弱示人，久而久之，人就会形成弱者心态，遇事只会变得习惯于用弱和讨好来换取好处，而不是把精力用来使自己变得强大到跟别人匹敌。但以强势示人，总是需要一些东西支撑的，这就是你的过人之处。你可以成为能力强或知识储备强的人，修炼和提升自己。也是因为强势，别人会对你有更高的期待，这也是不断催促你成长的动力，活在强势的位置上，你也会用强者心态来鞭策自己持续进步。

2. 你强势，别人才不会欺负你

欺软怕硬已经不是一种心态，而是一种约定俗成的共识了。越是暴露自己的弱势，就越有可能被强制、被欺压，示弱能换得一时的便利和好处，但也会被人打上弱者的标签，成为别人心里好捏的"软柿子"。想侵占他人利益的人也会考虑对方的特质，表现得强势至少给别人有底气、有原则的印象，而越示弱，越容易被人当成靶子。

以前有位同事常被人评价为"好说话"，有一些边界不明的琐碎的事最后都是她硬着头皮去完成的，有时候甚至因此耽误了自己的工作。大家心里都清楚，不是这个人好说话，而是这个人太弱，弱到对别人的不合理要求也照单全收。

强势的人会表明自己的立场、原则，不会轻易委屈自己成全别人的要求，虽然这可能会带来不够有亲和力的评价，但谁说"亲和力"不是别人欺负你的理由呢？

3. 强势的人更容易达成目标

正是因为不会轻易妥协，强势的人不断成长，更具备达成目标、获得成功的素质，他们不会用软弱去讨好，而是用实力去证明自己，他们目标明确，也会主动去引导和影响周围的人去跟他一起完成目标。

团队中强势的人也往往是最能促进提升团队效率的人，他们不会花太多时间纠结和犹豫，清楚地知道在什么时候该做什么事，用领导力驱动自己也驱动他人。

强势的人有不能忽视的长处，但要最大化地发挥强势的作用，还要补足短板，至少让短板不拖后腿。

强势的人要明白的三件事

1. 强势是心态而不是姿态

很多人对强势的偏见正是因为强势的人往往表现出强势的姿态，容易引起别人的反感或者畏惧。这是强势的人要克服的第一个短板，**你的强势应该体现在心态上**，你要认定自己是个强者，也对自己有更高的要求，明确自己要什么，不妥协；**但你的姿态不应该是强势的**，沟通的语言不应该是强势的，因为真正影响和说服他人的是你内在的底气和能力，而不是外在的声量和体态。

成熟和聪明的强势，应该是既用平和、平等的姿态与人交往，给他人留余地，又坚持原则，有自己的主张。

2. 强势是保护色却不是唯一的性格底色

强势是对我们自己的保护，维护着我们内心世界的秩序，也正如刚才所说，强势使我们免受不必要的欺负。强势是我们的保护色，但不应该是唯一的性格底色。

任何一种性格都不应该是我们唯一的性格底色，一个人可以既温柔又强悍，既外向又内敛，既宽容又小气，对立的性格不一定会产生矛盾，只要你把它们应用在合适的场合。所以，切忌随时随地以强势示人，要释放自己温柔内敛的部分，性格底色越丰富，你的韧性越好。

3. 强势是性格但不是绝对的手段

强势的确能促成目标的达成，但绝对不是唯一的途径。因此，我们要学会在必要的时候退让。在不破坏底线的情况下，适度低头。这种退让不是之前提到的以弱示人，而是在必要的时候做出必要的放弃，不触及核心的让步，以退为进，这不是要改变性格，而是用迂回的方式来展现你的强。

其实，强势的人往往比弱势的人承受了更多。他们看似不好相处，但真的遇到事情，他们也会替周围的人挡掉很多不必要的麻烦。他们周围的人不必经受的委屈和痛苦，是因为强势的人主动承担了。

我实习的时候，带我的一位姐姐是强势的。曾经在一次合作中，合作方突然提出要求，我们除了要做好本职工作，还要帮对方完成任务。如果换成好说话的领导，我们团队的人可能要做不少费时的杂活，但是她据理力争，拒绝了对方的不合理要求，让我们安心做好自己的事。

强势一点没什么不好，能保护好自己，也能保护自己爱的人，至少在这一点上，他们更有担当。当然，凡事都应该把握好尺度，发挥强势中好的部分，补足短板，才是真正成熟又聪明的强势的人。

6 悦纳自我：如果你根本过不了自己想要的生活，该怎么办？

什么是你坚持生活下去的动力？

小新是一直关注我的一位朋友，他在后台给我留言，说"活下去"三个字就是他活下去的动力。初中时的一次意外夺走了他的半条腿，当时正值青春期的他有过轻生的念头，10年后的他就要大学毕业了，他不再想着去死，他只想活下去，哪怕只是活着，实现不了梦想地活着。

他出生在一个小镇上，跟所有的小镇青年一样，能获取到的教育资源有限，他喜欢读国家地理杂志，曾梦想着走出这个小镇，去世界上的每一个小镇看一看。也是因为这个梦想，他爱跑步，说要锻炼身体，因为那是他闯世界的本钱。在那场意外到来之前，他也并不是多么上进努力，因为他知道即便不靠读书，他也有别的通往世界的路。但是意外发生之后，他知道，他唯有读书这一条路了，他只有带着知识和学历才有那么一点可能叩开外面世界的大门。毕竟对他来说，行走和跑步都是要付出很大努力才能做到的事。

然而，现实比他想的还残酷。一个残疾学生想要考进大学不是易事。尽管他的成绩能去更好的学府，但他最终只能妥协选择一所可以接收他的名不见经传的学校。外面的世界比他生活的小镇大不知道多少倍，他需要付出比别人更多的时间和努力才能维持普通人的生活，上课、去食堂、去浴室……这个时候他才知道，他虽然终于看到外面的世界的一角了，但没有疾步如飞的脚步，以前要用双腿丈量世界的那个梦想，现在看来像天方夜谭，找到一份工作都难，更何况是去看世界。

他说他再也不做梦了，能活着就可以。每次闭上眼想起那场意外，他都能闻到死神来过的气息，也许就差那么一点点，他连呼吸的权利都会被剥夺。留言的最后，他问我，残疾的事实改变不了了，我能接受，那然后呢？我是不是就只能这样过一辈子？活着就只是为了生活。看完了他的留言，我第一次如此强烈地感受到我的双腿的存在，曾经，我理所应当地把它当作我应有的一部分。我头一次想到在我的读者里，不仅每个人都或多或少有一些心理上的缺失，还有人正承受着身体病痛的折磨。有的人正以我们想不到的方式抵抗着生活的侵蚀，原来一切拥有都不是那么理所应当。

另一位给我留言的朋友叫娜娜，她从小跟母亲相依为命，家庭经济条件不好，母亲靠做简单的手工活供她读书。高中时同学们都喜欢成群结队去咖啡馆或者快餐店写作业，但是她没有钱，也不忍心花母亲的血汗钱去泡咖啡馆，有时候跟同学一起进去，她坐一会儿就走了。她说自己努力生活的动力就是咖啡馆的咖啡香，那是她闻到的最沁人心脾的味道——她梦想着毕业后能开一间小小的咖啡馆，给那些跟她一样只能沉醉在咖啡香气中却囊中羞涩的人们一个落脚地。

刚刚毕业的她没有实力去经营一家咖啡馆，她要还助学贷款，还想减轻母亲的负担。听说空乘赚钱多，没想到竟真考上了。她不是因为找到一份别人羡慕的工作而兴奋，而是因为离自己的梦想更近了一步而雀跃。她原本计划在 30 岁之前攒够钱，然后辞职开一家咖啡馆。

但没有想到的是，她的母亲患上了癌症，她倾尽所有积蓄为母亲看病，好在母亲的病情稳定下来。高兴之余，她想到了她的梦想，现在支付母亲的日常医药费用都已经让她捉襟见肘，梦想暂时只能是个随时会破碎的肥皂泡。如今，每次出勤肿胀着双脚给乘客倒咖啡的时候，她都感到绝望，她闻了太多咖啡的味道，但没有一杯咖啡是她能微笑着喝下去的。如今，能让母亲身体状况维持下去就是她坚持下去的动力。她像是问我也像是感叹地说，不就是个开咖啡馆的小梦想吗，为什么这么难实现呢？

收到留言后的几天，我都没有回复。但他们两个的故事总会浮现在心头。我承认，有些人的人生就是格外艰辛，面对很多事情他们无能为力。可是当他们就出现在我的读者朋友里的时候，让我更加唏嘘感叹。大到身体残缺和至亲罹患癌症，小到走上了一条不能回头却并无希望的职业道路，选择了一个无法分开但并无感情的伴侣，我们都会被现实掣肘，以致无力回天。

我问自己，也替他们问，替所有遭遇磨难以致改变不了生活的人问：如果生活目前就只能如此，你暂时甚至永远实现不了那个最初的梦想，如果你根本过不上自己想要的那种生活，那么，我们还能怎么办？

换个方式去满足自己

李开复说过："改变那些能改变的，接受那些你不能改变的。"

接受是我们绕不开的第一步，纵然不是欣然接受，而是逆来顺受，我们也能按照生活的安排继续活着。然而，接受现状并不意味着放弃梦想，放弃一切可能。小新要接受的是身体残缺的事实、更困苦的生活和原来的梦想难以实现；娜娜要接受的是她必须继续现在的工作、照顾病弱的母亲、暂时搁置她的咖啡馆计划。但这些并不是他们应该和需要接受的全部。

生活还有其他部分。我说的不是诗和远方，是其他的可能性。世界就藏在你的心中，如果你愿意，你就可以将它延伸至生活当中。我知道小新的梦想是去看世界，而今不能实现的不是看世界，而是用原来的方式看世界。但是他的心中依然可以留有这样一片天地，那里有他向往的热带岛屿、非洲丛林、北极圈极光。即使失去了亲眼看见的可能，他也依然可以触碰生活以外的生活。如果他不想仅仅通过别人的眼睛看世界，还可以亲自去旅行，即便不比从前期待的那样容易，即便带着他人难以想象的艰难。

我在越南的时候遇到过一对夫妇，男人只有一只胳膊，但这只胳膊拥着他心爱的妻子，笑得灿烂。村上春树的小说《且听风吟》里有这样一段描写："有时想到要是长此以往，心里就怕得不行，真想大声喊叫。就这样像块石头一样终生躺在床上眼望天花板，不看书，不能在风中行走，也得不到任何人的爱。几十年后在此衰老，并且悄悄死去……"我想这才是真正无法接受的状态，身体的残缺还导致了心灵的残缺、生活的残缺。因为搁浅的不止你的双腿，还有你的精神世界。

娜娜的梦想暂时也无法实现，但没有人会阻挡她把它放在心中孵化。咖啡馆也许只是一个梦想的物化标志而已，她想要的不仅仅是咖啡馆，而是另一种美好的生活。而美好即使不通过开咖啡馆来实现，也依然可以在心底找到它的存在。闲暇时阅读、旅行都是通往美好生活的路径，哪怕只是驻足在一朵花面前，你都能拥有美好的体验，而这一切的前提是，你有足够美好和开放的心态。

让精神世界生机盎然

如果一只鸟因断了翅膀而不能飞翔，那才真正可惜；如果一条鱼因力量弱小而只能停留在一片水域，才真正可叹，因为那些是鸟和鱼的全部人生。但人类跟其他动物的区别就在于，荒芜而破碎的现实生活并不是我们的全部，我们的身体内还有一个独特又高级的区域，那便是我们内心的精神世界。外面的世界雪虐风饕，也阻挡不了内心春意盎然。身体上的残缺和生活的现实都否定不了我们内心的美好。所以，我们能做的，除了那说了千万次的接受，就是去开拓、丰富专属于你的精神世界。

人再有能耐，也会有无可奈何的时候。你看那能上天入地、大闹天宫的孙悟空，用一万三千六百斤的定海神针搅得神界鸡犬不宁，也终究翻不出如来佛祖的手掌心，被压在五行山下五百年。什么是他那时的梦想？是翻身重来，回到花果山，还做那只逍遥自在的美猴王？可命运如此，它只能戴上金箍，走上取经路，历经九九八十一难。歌里唱道："我要这铁棒有何用，要这变化又如何？"这是每个人力不能及时最普通的嗟叹。但就算有一天你在万般无奈之下，要戴上别人给你加的紧箍咒，在别人的规则下去除妖降魔，最终成为斗战胜佛，都请别忘记你的花果山。盛装之下，你的心里仍住着那只自在随心的野猴子。

第八章
掌控真我的新人生

① 迷茫即良辰：你感到迷茫时，会是一个绝佳的起点

在咨询记录里、微信聊天记录里搜索"迷茫"，结果数量惊人。"目标""理想""自由""忧伤"等相关词也比比皆是。

迷茫是一种集体无意识

迷茫、无目标的确覆盖了大部分人的生活状态，我也同样，在有一次季度考核谈话的时候，领导问起我未来三年的目标。我有点瞠目结舌，三年？我可能都不太知道三个月后会怎么样。但是很多人接受不了无目标的迷茫状态，不知每天忙忙碌碌究竟为了什么。

那种对现在和未来的模糊感、不确定感时常萦绕在每个人的心头，就像北京的雾霾一样，无论如何也吹不散。它甚至不是一个阶段性的主题，迷茫是很多人贯穿了整个青春期、后青春期甚至是中年时光的一种状态。我时常会望着地铁里各自低头忙活的人出神，他们每个人都知道自己想过什么样的生活吗？或者他们知道目标在哪里，是不是也同样知道如何抵达那个目的地呢？

我们每天听各种媒体、励志人物说生活一定要有目标，否则人就像没了方向的航船，永远无法抵达对岸。这话一点都没错，所以很多人也集体无意识地开始慌张、焦虑，原因是暂时还没有具体的目标。致命的是非但没有理想，还不能诚恳接受现在的模糊感、无目标状态。在他们看来，没有目标简直就跟没穿衣服一样羞于面对他人和自己，总是急匆匆地想找一块遮羞布，甭管它是什么，先遮掩过去再说。

我也有过这种感觉，在我读研究生二年级的时候最为明显。在此之前我也有过非常清楚的目标：考研、出国读博士，然后回国边执教边深入从事心理咨询工作。但是读到研究生第二年的时候，我彷徨了、迷茫了，我忽然发现那好像也不是我要的生活，原因很简单，就是如此贴近一个行当的时候，才能真正看清它的脉络以及自己的局限，才会发现原来想象中的理想生活不过是叶公好龙。

整个学期我都过得闷闷不乐，做什么都提不起兴致，甚至根本不愿意做任何事，从早到晚都在思索我下一步到底该踏向何方。我庆幸在那个时候跟导师推心置腹谈了一次，当他问起我将来的打算时，我再也无法笃定地说出国深造，而是感到抱歉地直言不讳，我并没有什么明确的目标，也不知道自己该做什么。我一直崇敬的导师说了一句话："接受暂时的模糊状态也是一种成长和精进，你还没有决定，说明你还没有准备好。"

这句话给当时的我极大的宽慰，不仅因为他耐心地接纳了我的犹豫和踟蹰，更多的是让我知道迷茫是一种常态，这种常态或许不是退步，而是厚积薄发的机会。我如此焦虑并非因为没有目标，而是因为无法接纳自己"无目标"的状态罢了。

迷茫是时代催化的结果

我们这一代接受的教育，好像从来都没有明确地教我们如何认识自己、认识世界并找到适合自己的人生目标。我们从上幼儿园开始直到高中毕业，都在朝着一个目标——高考前进，甚至所学的专业都是由家长和老师一手操刀，我们只要顺从或者接受就好。

等到大学的时候我们才慢慢有了树立人生目标的意识。恰逢成功励志学开始大肆横行的时代，我们树立的目标往往并没有遵从内心，而是迫于时代和环境，选择了一个看上去"上进、有前途"

的道路，这其中的部分人即便已经踏上征途，也仍然不知道自己要什么。那些没有目标终日游手好闲的一群人，就更像异类了，不被时代接受、不被周围接受，像极了某个年代的反动分子。

这就是时代催化的结果，让每个人把追求成功、理想内化成一种不得不具备的品质，没有目标的人该往哪里逃呢？甚至在白日梦里，他们都无法接受自己。所以，**大多数人不是为了找到人生目标努力，而只是想找到一个看似目标的东西掩饰自己的迷茫和无措。**你可能也都经历过在面试时信誓旦旦吹嘘自己和理想的时刻，走出面试公司的时候，你拍拍胸脯问问你自己，真有那么宏大的理想吗？你确定自己想要什么了吗？也许，你只是知道面试官想听什么，于是长篇累牍地就此发表演讲，仿佛刚上台的政治家那般不遗余力地绘制蓝图。

我不否认，每个人都需要目标，但那不是生来就有的，它是需要我们学习、成长、探索、尝试才能得出的准确结论，不是一蹴而就的，不是效仿成功人士的发展历程就可以快速不负责地盖棺定论。在那个目标现身的黎明到来之前，我们必将经历一段黑暗。有人在黑暗中淡定坦然、默默耕耘，但还有一部分人慌张、无措，忧心忡忡为何天还不亮。你越无法接受黑暗，就越容易被黑暗戏弄、恐吓。而且从时间相对论的角度来说，你越无法忍受它，它便愈发漫长。

我看过一段 TED 演讲，里面谈到一个关于痛苦的概念——**痛苦并不等于你客观承受的痛苦指数，最终你感受到的痛苦程度等**

于客观的伤痛乘以你内心的抗拒指数。 这个公式厘清了客观与主观的差别，并非常直观地告诉我们，左右我们感受的东西往往都要把我们的"接纳—抗拒"模式纳入其中。同样的道理，迷茫的程度也并非由你的无目标状态直接生成，它取决于你抗拒它还是接受它。

越抗拒越迷茫

越抗拒越迷茫，选择接纳反倒减少了迷茫。换言之，无目标状态难以避免，但你是否迷茫是可以选择的。卡尔·罗杰斯（Carl Ransom Rogers）说，所谓的"自我"就是一切体验的总和。无目标就是你自身的一部分。"一旦你试图控制无目标，就是在制造分裂，无目标和你不再是一体，无目标被你当成了'异己'，这就是失序的根源，你把本来属于自己的一部分排挤成'异己'，于是它开始反抗，这是更大的失序。于是你更想控制它，而'异己'由此成长得更快，最终它成为你极大的苦恼。"

没有目标也没有什么大不了，它就是现在的自我的一部分。但并不意味着无目标状态无法改变，因为"自我"是在流动和变化的，它有积极发展的可能。我们在接受无目标这一事实之后，要做的就是去寻找目标，而这种追求绝不是快速而直接的，在找到那个目标之前，我们少不了迂回地前进。当你发现梦想总是无法实现，你又很迷茫找不到出路，对生活没辙的时候，你是否想过，你为了改变这一切又做过什么？

大多数人就是在盲目机械地踏步，每一天都过得像同一天。以前有个来访者也因为生活没有目标来找我咨询，问起这两年的生活，他说不出什么，除了上班下班，他觉得自己毫无建树，事实也是如此。他一边扛着迷茫的大旗一边沉沦度日，不知道自己现在做的工作是不是适合自己，却也从未在闲暇时光去了解其他行业。过了两年，除了迷茫程度不断提升，他还是那个他。

我们不是接纳了迷茫和无目标就撒手不管，我们要做的是在现在的生活中做出一些思考和改变，目标不是靠你停留在原地就能从天而降，它需要你去努力和行动。

永远不要吝啬尝试

不知道自己想要什么样的状态，你可以趁着大好时光去试试其他可能感兴趣的领域，不指定方向的行动并非是给你的生活添乱，它往往是可能打开新世界大门的钥匙。

我之前的一个同事是体育频道的编辑，虽然每天面对着各种体育新闻赛事热点，但他对体育丝毫不感冒。他从未真正沉浸在工作内容当中，只是把工作当成一项用来养家糊口的任务。在后来的工作中，他意外发现跑步是一件很有趣的事，他看着自己肥胖的身体，觉得至少可以通过跑步减肥，于是他买了运动鞋开始每天夜跑。他自称不知天高地厚地报名了马拉松，却跑出了前一百的成绩，之后又开始受邀去全国各地甚至是世界各地跑马拉松比赛。

他还是他，还是那个体育编辑，不过变成了一个坚持跑步的编辑，依然好像没有什么明确的目标。但是就在两年之后，有人邀请他分享跑马拉松的经验，分享会收到了非常棒的反馈。除了丰富的经验，给他加分的是他的感染力和表达能力，而这些是他上大学无聊时加入学校演讲社团积累的经验带来的惊喜。他可能都忘了当年在演讲社曾经积累过这样的技能，过去生活的痕迹给他的惊喜就这样意外地表露出来，并且给了他新的机会。

后来，他不断地受邀去演讲，成为一名职业的跑步者和培训师。

所以，除了接纳，不要吝啬尝试。你不知道哪一次尝试就让你接近了那个适合你的目标，并且随时有可能突破现有的迷茫。就像我不知道我曾经读了那么多书、看过那么多故事、一个人到处旅行到底能跟我的人生目标发生什么关联，但是当有一天我把脑子里的、心里的感悟和知识转化为文字的时候，我才明白，那一切都不是无用的，我感激自己在迷茫的时候没有停止前行，即便没有什么明确的方向，我依然在积蓄力量，突出重围。

格桑泽仁老师说过一句话："迷则择醒事，明则择事而行。"意思是迷茫的时候你就去做那些明显正确的事情，而明白自己想要什么的时候，就要从正确的事情里面选择对自己更有利的事情来做。

迷茫不意味着你可以理所当然地停步不前，日复一日，毫无改变。你要做的也许只是很简单的事。像我的一个朋友一样，他在假期去西藏旅游，回来后尝试写了游记，发觉这是他喜欢的事，可以成为他的目标。而今，他已经是一位旅行笔记畅销作者。别忘了，你脚尖的朝向就是你所选定的方向，你所走的每一步都决定着最后的结局。如果你说兹事体大，非得思前想后不可；如果你说你读过的鸡汤文告诉你一切自有天意，那也没什么好说的。只要你能接纳自己的生活状态就好，可是你又不甘心，不甘心自己碌碌无为，毫无方向。

因为你是如此担心，就算你探索了，也仍然找不到方向；你是如此害怕，就算努力了，也只能照旧过着一成不变的生活。诚然，很多突破和转折都出现于无法估计的一瞬间，大彻大悟可能就在别人不经意讲的一段回忆之后，豁然开朗也许就差过条马路看看另一条街的风景。但若你故步自封，将永远不会出现那一瞬间的到来。生命不过是一场浩瀚的布朗运动，谁都无法保证你预期的一定会到来，但至少持续的行动和改变可以让你在被无规律且脆弱的生活侵蚀时，增强一点抵抗力；至少也能泰然坚定而又豁达地说一句："虽然生命无常，但是我尽力了。"

2 安全感的自给自足：所有的安全感，都来源于你的蓄谋已久

最近让你感觉最没有安全感的事情是什么？

上周末在出租车上忽然"大姨妈"造访而我毫无准备的时候，

想到了这个问题。

问了几个朋友，他们给出了答案。

朋友A：昨天发现我的银行卡里只有38块的时候。

朋友B：北京下第一场雪的那天，房东打电话说房子不续租了。

朋友C：发现女朋友的男同事在追求她，那个男同事还是个富二代。

安全感像人生的战壕里的一件盔甲，没有了它，我们只能赤膊上阵，很容易乱了阵脚。没有安全感是一种什么样的体验呢？心理学家亚伯拉罕·H.马斯洛（Abraham H.Maslow）说，缺乏安全感的人往往感到被拒绝、不被接受、受冷落，受到嫉恨、歧视；感到孤独、被遗忘、被遗弃；而有安全感的人则感到被喜欢、被接受，可以从他人处感到温暖和热情；有归属感，感到是群体中的一员；将世界和人生理解为惬意、温暖、友爱、仁慈，普天之下皆兄弟。我很仔细地研究过，到底什么才是安全感。

安全感缺失的源头

我家小区曾经有一住户被盗，知道这个消息后的一个星期我都没有睡好，枕头下放着一把刀，半夜也总是醒来。其实客观环境并没有发生什么变化，我同往常一样锁好门，关好窗，而且因为有住户被盗，小区一定会加强治安防范，安全系数更高了，但我还是觉得不踏实，睡不安稳。

安全感其实只是一种心理上的感受，指的是一个人具有相对稳定的对自己和周围世界的信任感和坚定的不惧怕感。安全感未必跟客观环境绝对匹配，它根植于我们最初的恐惧感以及由此衍生的不信任感和失控感。

我们骨子里流淌的血液中有先人的遗传基因，怕电闪雷鸣、狼虫虎豹、蛇、飓风暴雨……渺小的人类深知自己的脆弱和不堪一击，只有对大自然深怀敬畏之心。

除了这些天生的不安全感，我们在成长过程中也积累了不少不安的情绪。孩童时在黑夜里醒来没有人抚慰，我们从此怕一个人在黑暗中独处；少年时期郊游时不小心迷路，我们从此害怕去陌生的地方；恋爱时我们被伤害过，从此对恋人的一点点异常举动都感到不安。

林林总总的不安全感皆源于不确定自己是否有能力满足自己的需求，是否能在多变的世界里拥有掌控感。安全感不会像甲胄一样时刻相伴，总会有一些时候，我们会感到不安、慌张和焦虑。就像天气阴晴不定一样，安全感也会随着境遇的不同而有所起伏，这是再正常不过的，也恰恰是我们获取安全感的第一步——接纳内心感到不安全的时刻。因为感到不安而不安，让不安全感升级常常是因为我们过于关注它是否时刻存在，把某一阶段的不安全感扩大化、严重化的始作俑者恰恰是我们自己。不安有时候倒是件好事。

古希腊传说中有一个故事，人人都羡慕坐拥满城财富的狄奥尼修斯国王。国王便请他的朋友达摩克利斯赴宴，命其坐在用一根马鬃悬挂的一把寒光闪闪的利剑下，用此告诉人们，任何看起来安宁祥和的时刻其实都暗藏危机，不仅国王要居安思危，这也是每个人的必修课。不安全感就是这把达摩克利斯之剑，它的出现让我们意识到自己的弱小和不足，警醒我们要时刻应对变化，才能临绝地而不衰。只有认识到这一点，你才有可能和它共处，在此基础之上进一步加强自己的安全感。

安全感跟自信有关

安全感的多少取决于我们如何解释这个世界。对于一个缺乏安全感的人来说，外界环境中的任何影响，每一个作用于有机体的刺激，都更易于从一种不安全的而非具有安全感的视角来被解释。

简而言之，我们如何看待周围的事物，决定了我们的感受。我们的行为和感受有一个共同的导航仪，就是我们的认知，是它指引我们如何应对世界。如果只把黑暗解释成危险，只把陌生环境解释成不适，只把恋爱解释成迟早分别的痛苦，那么也只能通过这样消极的解释产生消极的想法。这些并不是不能改变，改变消极认知的中介之一便是我们的自信和坦然。

在成长过程中的每一点累积都是自信的资本，收获与不利的环境、不好相处的人相处的经验，我们经历的所有会变成再次解决问题的利器。

我相信你一定有过很厉害的时刻，在某个危急时刻不惧困难，妥善处理问题化险为夷；在一段关系当中发现问题和麻烦并让它迎刃而解；在一个新的环境中发现自己并不是无所适从，你曾用真诚和自己的人格魅力感染周围的人并融入其中。一旦你的内心对你既有的特质产生认可后，心灵上的解放也将不期而至。

那我们究竟凭借什么获取安全感呢？

"吃饱了就有安全感。"

"Wi-Fi连接稳定。"

"随身带着化妆包，需要时立即补妆。"

"无论多晚回家，有一盏灯为我亮着。"

获取安全感的途径

每个人获取安全感的方式都不相同，但也正因如此，任何事物都可能是安全感的来源。我们还是婴孩的时候，母亲的乳房就是我们安全感的来源，我们从那里吸取乳汁，这是我们感到舒适和安宁的方式；长大之后，我们探索世界时有父母陪伴左右，告诉我们，哪怕跌倒，他们守护身旁；再成熟一点，我们不断学习知识，拥有了多种能力，这也是我们获取安全感的方式；再到后来，我们有自己的社交圈和事业，我们能在朋友或爱人身上得到慰藉和安抚。我们能做些什么增加安全感？

1. 不断提升自己

要自信，但不要盲目自信。如果你还不具备让自己应对无常的能力，就去提升自己。马斯洛说安全感指的是一种从恐惧和焦虑中脱离出来的信心、安全和自由的感觉，特别是满足一个人现在（和将来）各种需要的感觉。苦等别人满足自己的需要，不如自己先冲锋陷阵得到它。如果你觉得钱能带来安全感，就努力赚钱；如果你觉得一份稳定的工作可以给你带来安全感，就认真踏实地提升专业能力；如果你觉得良好的人际关系让你感觉安全，就学会对每个人微笑；如果你觉得爱情能让你减少不安，就关心和呵护爱人。一个更好的你，毋庸置疑值得更多人为你付出。

2. 争取社会支持

虽然我赞同安全感需要自己给予，但绝不认同窄化安全感来源的说法，安全感需要不断补充，但其来源除了个体能力的提升，也离不开相对安全的环境。安全的环境是你和他人共同营造的。我们的能力总有短板，总有需要他人支持的时刻。有需要而力有不逮的时刻去寻找可靠的帮助和支持，也是获取安全感的重要方式。父母也好，朋友、爱人也罢，有他们的守护和关怀，会让你能在一个相对安全的环境中更专注地探索和前进。

3. 远离危险因素

这个世界不存在绝对安全的环境，平静之下皆有暗流涌动。

但我们依然可以最大限度地去避免不安全的环境。如果你怕水，就少去海边；如果你身体差，就不要过度劳累；如果你对花粉过敏，就在易感时期戴好口罩，远离过敏源。在我们有限的能力范围内尽可能地保护自己，是增强安全感性价比最高的方式。其实很多时候，是我们首先做出了错误的选择才会让自己安全感缺失。

一位女性朋友常常抱怨，男朋友经常跟别人暧昧不清，殊不知开始交往前她就知道男友从前劣迹斑斑，但她不听朋友的劝阻，毅然决然地选择跟他在一起；一位天天焦虑工作朝不保夕而借酒消愁的朋友，早在去公司入职前就了解了公司状况，但还是想不顾一切地赌一把；一位已经在意大利深造的朋友半年后还是无法用意大利语跟他人交流，正是因为他在考试时蒙混过关，实际上自己并没有做好语言方面的准备。许多问题追根溯源，都是我们一开始就没有选择正确的方式，没有好好地筹划和准备。

所以，别等到让你安全感丧失的事情发生的时候才叹息说你"本可以"，也别只是祈祷糟糕的事情永不发生，安全感不会从天而降，只会在一朝一夕的努力之间生长出来。从现在开始提升自己、寻求支持、远离不安全感的源头，为自己的内心建造一所免受罹难的房子。

⓷ 积极关注真我：有人对你恶语相加，也会有人对你说上一世情话

我曾收到一段读者留言，他在出版社工作，是一名图书策划编辑。工资不高，但因为自己一直喜欢文学，所以也并不介意不高的薪酬，更何况他家庭条件优渥，没有经济上的后顾之忧。本来日子过得很舒心，但一次别人无意中发错了聊天记录，他才知道……

同组的其他几个同事有一个单独的微信群，他们在背后议论他家庭条件好，是托关系进的出版社，也是因此才得到领导的器重。有一个人还愤愤不平地说，他家这么有钱何苦跟我们来抢工作业绩，就当个不劳而获的富二代不好吗？

他看后假装不知情，心里却十分愤怒。如果大学毕业后靠家里安排工作，绝不至于只是来出版社。因为自己喜欢，所以愿意投入时间和精力策划图书，这股认真劲儿被领导口头表扬过几次而已，根本不是同事猜测的那样，都靠自己的家庭。他没想到自己平时谦虚和气，对同事和领导同样尊重，从不轻易得罪别人，也从不炫耀自己的家庭条件，为何还会受到这样恶意的揣测和背地里的语言攻击？他虽然表面上装作没什么，但心里过不去这道坎儿。他问我该怎么办。

我想说，除了善意的帮助和支持，人也会遭受恶意的攻击和掣肘，这些都再正常不过，有时这样的攻击可能跟你平日的言行、

人品都没有直接的关系，换句话说，无论你多么努力，都控制不了他人说三道四。在那些中伤者眼中，这些恶意或许只是一种简单的、合理的联想（也可以称之为归因方式）。甚至你有时也会在无意中成了制造谣言和恶意中伤的人，因为恶意与否，会随着立场的不同而有不同的标准。在地铁上年轻人不给老人让座，一定是因为年轻人没有爱心；在马路上男人冲女人大发雷霆，一定是男人没有气度；年轻貌美的姑娘开豪车，她一定是被包养了……这样的例子不胜枚举。我不否认，这种臆断有一定的合理性，毕竟有些因果关系确实存在，但确实并不是唯一且正确的解释。

恶意攻击的来源

年轻人不给老人让座有没有可能是因为身体抱恙？情侣吵架有没有可能是因为女人做出了极其过分之事？年轻貌美的姑娘有没有可能就是能力出众，再不济也可能人家有个有钱的爹？一件事情背后的原因不计其数，无法穷尽，但是为什么大多数人只愿意在众多解释中选择一个，且认定它就是原因呢？

第一，这是简化认知加工的结果。我们生活在一个手忙脚乱的快节奏的社会里，每天要琢磨怎么做好工作，怎么能多赚一点钱，家庭怎么能更和谐，等等。一天下来脑细胞不知道要死掉多少，还有谁愿意多花时间和精力去仔细琢磨别人的人生呢？更何况往往这个别人对自己而言也不是重要的人。在这样的情况下，我们往往就会用最简单粗暴的思维方式去判定那些没那么重要的人和事，把节省下来的时间和精力去加工更为重要的信息。不客观、不全面的揣测和判断，于他而言不过是一闪而过的念头，于你而言，更是无足轻重没有过多参考价值的闲言碎语。

第二，任何认知方式或者说归因模式都是被自我服务驱动的。我们对事物的判断总是利己的，在并不能给一个人、一件事下定论的时候，我们会不由自主去选择一个利于自身的解释，并且深信不疑。就像他的几位同事，或许早就对工作不满，赚得不多又没有得到领导重用，恰逢知道了自己的同事背景显赫，自然愿意理解成他就是靠关系得到了工作和领导赞扬。因为这样解释会减少内心的不平衡感，以及对自己无能的愤怒和不满。

我想起在地铁上听过的两个姑娘的对话，议论起她们都认识且现在还过得春风得意的一位女友满脸不屑，言语中也充满鄙夷，讪笑着说："她不就是靠男朋友养着嘛，就凭她自己怎么背得起那么贵的包？"虽然没有聊天背景，但听起来还是充满了优越感，背后的心思也显而易见得很："或许我没你过得那么好，也没背那么贵的包，但我靠自己啊！"

毕竟议论一个跟她们的生活毫无瓜葛又风生水起的名人，总没有肆意评价周遭的人有快感，或许今晚她们想起自己不如意的人生黯然神伤之时，又转念想想地铁里这番交谈，也能内心安然地睡个好觉吧。这种自我服务的归因方式恰恰保护了内心的脆弱和自卑，也可以称之为心理防御机制。毕竟，如果我们把一切问题的原因都归结到自己的失败和无能上，将极大地损害我们的幸福感，而选择"贬低他人，抬高自己"的方式，能减少自责和无助。

你看似听到了别人在恶意评价你，话题围绕着你，但那背后的真实声音和动机却是围绕着他自身。说你不好，是为了凸显自己的好；说你靠关系，其实是为了反衬自己的独立和正直，一切对你的评价不过都是为了他的自我表达，这种自我表达有时无须被他人听到，说给自己听罢了，在自己内心强化自己比他人好，足矣。

虽然那些不符合我们认知方式和归因方式的事情依然每天都在发生，甚至不少于我们相信的那些事实，但我们都更愿意看到我们想看到的事情，更愿意相信那些跟我们以往的理解一致的事情，谁愿意没事儿给自己添堵，造成内心冲突呢？长此以往，每个人都形成了一套可以打动自己内心的逻辑——"我管它符不符合实际，至少我看到的就是这样！""我管它是否带有恶意，又没有直接造成人身伤害！""我管它是否另有隐情呢，又不是我自己的人生！"所以，大多数没有转化为实际行为的恶意，也都是无心而已。至于怎么应对，我想说的是什么也不要做，或者你原来该做什么，现在还做什么。

无视恶意，用事实回击

对于恶意的流言蜚语，不必理会。这个世界的恶意和善意一样多，当然，我更愿意相信善意更多一点。**遭遇恶意的时候，你会一时想不起曾经也被善待过，将自己深陷在恶意当中，局限地只关注恶意，那么你的眼里、耳里、心里只盛满恶意，流露出来的也只会是恶意。**

以恶意应对恶意，这种恶性循环太难改变。东野圭吾在小说《恶意》里写道："人的恶意就像杂草丛生的土壤，你不知道什么时候会孕育出一棵参天大树出来。"如果真的要在人生里长出一棵茂盛的大树，为什么不选择一颗充满善意、未来会结满善果的种子呢？我知道很多人面对恶意的时候，一定会有一种冲动，想要反驳，想要解释，想要扳回一局。有什么用呢？

我上初二的时候，数学成绩不是特别好。那个学期，数学就是我集中攻克的困难。功夫不负有心人，那次期中考试我的数学成绩竟然是班级第二。说真的，我挺激动的！但是我同桌的话像兜头的一盆冷水泼下来，我的心都跟着凉了。他说："你这回数学考这么高分，怎么蒙得这么准？"我没有说什么，却为此闷闷不乐了几天。

回家跟我妈说起，觉得自尊心受挫，心里还是想着要怎么回击同桌。我妈说了一句话，我一直记到今天："你觉得你去跟他争论，就能争回你的尊严吗？"初二就明白的这个道理，今天同样适用。气不过又不想忍，想通过辩驳挽回自尊、分辨是非，是一厢情愿的办法。说这句话的人早就把这些忘在脑后了吧？你去反驳，说不定在他心里，你的反驳恰好印证了他的推测。

而你苍白无力的辩驳之词又跟他信口开河的判断有何区别呢？都无法作为证据挽回尊严，但你的行动可以，它是最好的证明。

如今的你自然不必像当年的我一样再用一张高分数学试卷来证明自己的努力和实力，但你需要的是踏踏实实做自己该做的事，用事实说话，用结果反击。

当然，并不是我们所有的努力都是为了赢得他人给予的尊严和相信，我们要做的是无论他人如何，捧也好，骂也罢，你都不改你自己的初衷，自己给自己赋予尊严。因为你若不自尊，你若计较，就只能被恶意左右，付出巨大的时间、精力和情绪代价，甚至搞砸自己的人生。而如此，只会让曾恶意揣测你的人有继续攻击你的理由。

只有成为真正有尊严的强者，才是对恶意最好的回应。再没有什么可以刺激到你，到那时你可以置之不理，也可以一笑而过。记得时刻提醒自己，尽管生活中你遭受过恶语相加，但同样也被善意和爱包围。我们不是因丑恶而生，我们是为善意和爱而活。

④ 放下圣母心：你无须用一场恋爱，来证明自己的伟大

最近，我的闺密 G 小姐火急火燎地要找我聊聊，因为她陷入了一场糟糕的恋爱，却又无法自拔。在旁人眼里看来，她的男朋

友绝对是一个不折不扣的"人渣"，她认同这一点，却仍然做不到冷静理智地分手。她想不通为什么明明知道所托非人，明明知道应该分手，但自己却还是放不下？说起 G 小姐的男朋友，如果把他身上的缺点当成靶子，他就能被扫射成一枚人肉马蜂窝。他和 G 小姐在工作中相识，投其所好，发起了热烈追求攻势，G 小姐招架不住，举手投降，在一起后却渐渐发现他的不靠谱。

男朋友辞了工作，打着想借机了解创业项目的旗号无所事事了近半年，在这半年里都是由 G 小姐来支付生活开销的，男朋友虽工作多年，但因为花钱大手大脚，几乎毫无积蓄。钱花到哪儿去了？他喜欢拈花惹草，虽然没有要把周围的狂蜂浪蝶扶正的打算，但也处处留情，请姑娘吃饭、开房，有几次都被 G 小姐抓个现形。要说他对 G 小姐有多好呢？除了追求的时候说甜言蜜语加表忠心外，几乎没有什么可圈可点之处，在家不收拾家务，对 G 小姐呼来喝去，有时候甚至恶言相向。G 小姐虽然一早就觉得苗头不对，但几次提分手都被挽回，因为他一直承诺会改变，只是需要些时间慢慢来。拖来拖去，他们的恋情耗了大半年，他没有什么实质的改变举动，G 小姐却越陷越深，痛下决心无数次，仍然没舍得分开。

我问 G 小姐为什么分不开？她说毕竟相处了这么久，对男朋友的感情越来越深，他也承诺要改变，不想就这么分手，太可惜了。在我看来，不分手才可惜透了，你以为他终会浪子回头，但你不明白或许需要一生的代价来等到那一天。G 小姐问我是不是觉得她特傻？这真是一个难回答的问题。说傻呢，G 小姐的确不够聪明，她自以为是地要扮演一个伟大的拯救者；说她不傻呢，是因为她也切切实实在这场恋爱关系当中得到了她最需要的——成就自我。

拯救者情结

每个在恋爱中伤痕累累却还是舍不得放手的人，都以为自己的不舍是因为爱情，所以他们心甘情愿一再付出，看似不求回报，实际上她们已经得到了回馈，填补了内心缺失的一角，这一角就是他们在人生中没有得到的成就感。

谁不希望自己的人生有意义又能实现自我价值呢？有人在事业中获得成功，有人在家庭中感受幸福，有人在兴趣爱好中体验成长，同样也有人在婚恋关系中去实现人生意义和自我价值。当然最美满和平衡的结果是，人生的每一个部分都欣欣向荣，你获得成就感的来源不应该只有爱情。

但遗憾的是，事业、家庭、人际关系、个人成长等方面的发展并不总是能提供显而易见的成长机会，甚至有时会暂缓、阻滞。在这样的当口，我们更容易被一些看似能获得巨大满足感的事情吸引，并深陷其中。因为在潜意识里，拯救一场糟糕的关系，改造一个混蛋，简直像是实现了一个伟大的英雄梦想。

有的人沉浸在这样的梦想当中，想象自己是一个超人，肩负影响别人命运的使命。无论受到什么样的折磨对待，他们都不愿意放手，因为所有的艰难和阻碍都是改变对方必须要经历的，他们觉得只要自己付出、坚持、感化对方，终能使对方回心转意。这是他们的潜意识谱写的剧本，**对方必定是那个万人嫌的失败者，而自己的人设必定是忍辱负重、慈悲为怀、伟大光荣的拯救者。**

如果真的能让浪子回头，那真是一段感天动地、可歌可泣的传奇故事。但只可惜，拯救他们需要花费的精力就像个无底洞，你所有的付出可能都没有回响，他们只会一次又一次地用空头支票般的承诺勾引你付出更多时间、物质和感情。

即便是这样，这些"伟大的超人"也依然能获得自我满足。因为在不断付出的过程中，他们获得了旁人的颂扬和怜惜。这些来自外部的评价也是他们成就感的来源之一，因为在他们看来，伟大的使命必然会获得社会的支持和认同，即便对那些享受付出的人声讨也正合他意，因为在这样的声讨背后，是对自己的认同和肯定，这种"我很好"和"他很差劲"的对比，强化了拯救者内心中的自我形象，强化了他们不断付出和坚持的行为模式。有时他们也会自我怀疑，是不是自己在做没用的事？是不是自己真的应该离开这个混蛋？虽然理性上的判断是分手，但因为内心已经把自己定义为拯救者，所以情感上无法接受这样矛盾的做法。在这样的情况下，他们还会为自己的坚持找到借口，并因此产生强烈的责任感。

G 小姐，虽然一方面认为男朋友混蛋，但另一方面又会把这些归咎于没有人爱他、理解他，甚至帮他找到成为一个混蛋的理由，可能是童年时的家庭生活不幸福，可能是事业上的挫败等。这些理由让拯救者更加心疼对方，也为自己的付出找到了义正词严的理由，就好像改变他是自己义不容辞的责任，离开他就是无情无义。这也是拯救者给自己的道德枷锁。心里装的都是待拯救的他人和一个虚假膨胀的伟大自我，已经顾及不到真实的自己正陷入深渊。

这样的"拯救者"角色设定也会波及生活的其他方面。就像我的朋友 G 小姐，她现在所处的团队危如累卵，除她以外的成员都在用敷衍的态度对待工作，全组的绩效也靠她一个人在撑。她虽然经常抱怨团队分工不明确，其他同事不给力，但言语中又总透着一点得意，因为她作为团队的核心人物，一次次地力挽狂澜给了她极大的满足感，让她找到极大的自我认同和自我满足，所以，她情愿扛起其他人的负担也要留在这里，尽管她做出了很多不必要的付出。

你的价值不只源于外界的认同

其实，这样的拯救者是很可怜的，他们把自己架在了神坛之上，无法动弹，除了经受苦难修成正果，他们别无选择，这是他们认定的"命"。而做出这样的选择是因为在成长过程中，他们没有养成独立的人格，才更容易陷入糟糕的关系中，才会心甘情愿去扮演这样劳心劳力却难得善果的角色。

没有独立人格的人，更倾向于从他人身上、从依存关系当中去寻找和完善自我。他们获得安全感、自信心和成就感的来源大多是外部的，推动他们自我成长的契机也必定是外部的变化，而不是内心深处的呐喊。

因为他们骨子里刻着一个衡量自我价值的公式："他人肯定＋外在成就＝自我价值。"然而，这个公式是不对等的，它缺失了最重要的部分，就是自我成长。丧失独立人格的人用所有外化的标签替代了内在标准，即便他们已经有众多优秀的品质，但没有他人认同或没有通过这些品质获得外在的成就，他们便不会认同自己是有价值的，自己的人生是有意义的。

他们也会过高估计自己，认为自己是有能力改变他人的，甚至是无所不能的。现实与"自以为"的差距存在着巨大的鸿沟，为了填补它，"拯救者"们只能通过不断地投入去改变他人，以此来验证自我认知，所以割舍糟糕的恋爱关系，就相当于斩断了他们实现自我的可能，甚至会让他们在内心把自己定义为失败者。

"为什么我这么努力，他还是没有改变？""为什么我付出这么多，他还是不能善待我？"这些问题的答案统统都将指向自己的无能，会让他们产生极大的挫败感，因为危及他们对"拯救者"这一角色设定的原有认知。失去恋人的痛苦是次要的，最让他们难以接受的是自己没用。拯救者的确是伟大的，他们有一定的能力和价值，但几乎全部奉献给他人了；他们也是无奈和悲哀的，因为他们本可以过得更幸福。

不必为他人担责

如果想改变这样的角色设定，最关键的是卸下重担，不再试图承担他人的责任，正视自己的心理动因，从自身获得满足。每个人最根本的使命都不是去成就他人，而是获得充分的自我成长，成为一个具有独立人格的人，在此基础之上再谈帮助他人。

帮助他人是好的，是善意的，但如果习惯了用改变和影响他人来代替自己的人生任务，这样只会在助人的过程中迷失自己，也是对其他人的不负责任。因为，自己的人生只能由自己负责，当你完全把他人的人生扛在自己肩上的时候，也是剥夺了他人自我成长的机会。最先应该拯救的是自己，学会把他人的问题还给他人，先完成自我成长。关键的一步就是从自身得到满足，这种满足不是在工作中获得了多少成绩，而是这成绩背后你提升了能力、增长了见识；也不是恋人的改变和付出，而是你在一段关系当中学会的相处之道、处理关系的技巧。总而言之，一切从拯救他人获得的成就不等同于个人价值，当你意识到最大的自我价值是你本身，这大概才是最有价值的事。

每个人都是平凡的，但不妨碍我们有伟大之处，真正的伟大是为自己的人生负责，而无须用一场糟糕的恋爱来证明。脱下超人服，走下神坛，交还别人该承担的责任，才是真正成就伟大自己的开始。

⑤ 做只野猴子：穿着别人眼中的爆款，未必能过好自己的人生

因为大家都这样做，一件事就一定是正确的，而且必须坚持吗？大多数人都选的，就一定没错吗？有次出去旅行，在飞机上挨着我坐的是一对母子，妈妈温柔和善，儿子活泼机灵。因为座位紧挨着，所以听到了他们的对话。

孩子："妈妈，假期结束我是不是又要去学英语啦？"

妈妈："是呀，你得好好学英语，要用功，你看咱们楼下的萱萱多厉害。"

孩子："可是，妈妈我为什么现在就要学英语啊，以后上学再学不行吗？"

妈妈："不行，你看幼儿园的小朋友不都学吗？"

孩子："为什么他们学我就要学啊？"

妈妈闭上眼休息，没再说话。孩子的话却一直回响在我脑海中，那天已经很疲惫的我，却没有睡着。是啊，为什么别人的孩子学英语，你的孩子就一定也要学呢？因为大家都这样做，一件事就一定是正确的，必须坚持了吗？

出于做公众号的缘故，我会接触到一些写原创文章的人，虽然不太熟悉，但是我会注意到他们的朋友圈，他们经常转发的内容是：如何写出 100 万阅读量的公众号文章、哪些标题更容易吸引读者的眼球或者谁和谁的那篇文章火了。一旦某种类型的文章火了之后，就会有大批相似的文章出现，创作者们趋之若鹜。不得不承认，大多数自媒体人都会关注别人都在写什么，却很少关注自己。别人写什么火了，我也一定要写吗？火了的内容就一定有价值、有意义、必须效仿吗？

我想起有年圣诞节前夕，同事发愁该送女朋友什么礼物，于是到处打听周围的人都送了什么，想参考别人的。别人都送的礼物，他的女朋友就一定会喜欢吗？电商平台上销量最高的，就一定就适合他吗？我在飞机上迷迷糊糊之中想起了这些片段，它们虽然是不同的事，但似乎又是在说同一件事：**很多人都在照着别人的剧本过自己的人生。**

从众上瘾

从小时候起，我们在无形中被教育成了一个从众的人，一个

要经常把目光放在别人身上，害怕被群体丢弃的人。

不知道为什么要学美术、学音乐，但肯定不是因为自己喜欢；不知道为什么要去上一个离家特别远的寄宿学校，但是父母说他们同事的孩子都去上了那个学校；不知道为什么读大学选专业的时候选了计算机或者金融，好像仅仅因为几个远房亲戚都学了这样的专业，毕业后风生水起。后来，我们自己也不知道什么是自己想要的了，或者我们懒得思考，跟着别人走一条大多数人都选的路，好像就能挺起腰板了。如果恰好某一条路上还有些人走出了一点成绩，那将会有更多的门徒出现，虔诚地朝拜，一路追随，只是没人问为什么。

我看着北京雾霾下身穿黑白灰的人们，好像明白了这个道理。跟大多数人保持一致，就容易把自己隐藏起来，不突兀也不奇怪，如果你一身红衣走在其中，便特别显眼，便容易招致议论，你可能承受不起被议论的风险。跟大多数人同行，好像心里便多了几分安全感，真要是这片天塌了，还有个子比你高的人顶着呢；但是如果选了另一条少有人走的路，如果前方来了敌人，你怕自己和路上寥寥无几的同伴招架不住。

这就是很多人内心隐藏的一个逻辑：大多数人都选的路应该没错。**即便真理没有掌握在多数人手中也没关系。人们不需要真理和思考，只需要安全。**正是这种安全，让你丢了自己，同时损失的还有活着的乐趣。如果你按照别人的剧本去演自己的人生，已经有人体会过那种喜怒哀乐，何须你再体会一遍？你的行动和言语的理由当中有千千万万个他人，却唯独没有你自己的想法和判断，因为你已经把自己的声音淹没在别人的对白里了。这就是丢失了自己。

哪来那么多对错，做你自己就好

人生的乐趣不就在于多样性和个性化吗？在不损害他人利益的前提下，满足自己的需求，跟从自己的内心做决定，体验这奇妙的人生。要是跟随别人做的选择恰好适合自己倒也还好，最怕的是你别别扭扭地把自己塞进了别人的戏服里，不合身又不自在，到头来没取悦自己，还贻笑大方。别人穿蕾丝花边雪纺裙好看，但是你长了一张冷峻的脸，何必追随甜美的路线？别人考上公务员进入体制内安稳，但是你生性爱自由、喜欢折腾，何必束缚自己？别人的孩子都学钢琴，但是你的女儿对此完全没有兴趣，何必这么早就剥夺她选择人生的权利？做人做事都要量体裁衣，穿着别人眼中的爆款，未必过好自己的人生。不信？你去看淘宝买家秀啊！别让从众和别人的生活毁掉了你人生的可能性，即便不能成功你也不后悔，因为那是你跟从内心做的选择。

就像我喜欢王朔的文字，但我知道照着写下去，我最多成为第二个王朔，而坚持自己的风格，不管成不成得了气候，我的人生冠上的永远都是我自己的名字。我不是第二个王朔，第三个冯唐，我就是第一个自己。就算有一天你在万般无奈之下，走上了那条从众的路，但至少当你的孩子问起"为什么别人做我就也要做"的问题时，你不要沉默，给他个答案。当然，更好的方式是别让他问出这样的问题，让他做自己。

一次走在大街上，阳光正好，街边跑来了一只流浪狗，浑身脏兮兮的，跑到了正在带小朋友出来晒太阳的妈妈面前，小女孩特别开心，笑着跳着想用手去摸狗狗，这时我以为这位妈妈会一把把小朋友拉走，或者叫小朋友不要摸狗狗，说狗狗很脏，摸了会生病。不料，这位妈妈说："宝宝，你的手很脏哟，不要去摸狗狗，狗狗会感冒的呀。"我的心里涌动着一股暖意。

6 让真我进化：万箭穿心，也要活得光芒万丈

上大学之后，因为太热爱心理学，我舍弃了很多泛读的机会，一心一意钻研学问。只偶尔偷懒看过几本言情小说。在我们那个时代，最流行读亦舒的书。故事没记住几个，却牢牢记住了她笔下鲜活的女子，要么是家世良好的天之骄女，要么是独立自尊的知性事业型女子。不管是哪种身世背景，有怎样的人生阅历，她们都有着相似的气质特征和处事风格。她们精神独立，收入丰厚，举止妥帖，品位不俗，永远散发着知性优雅的气息，似乎总能把

生活控制在自己的步调和节奏中。

她们可以被统称为"亦舒女郎"，在生活里像开了挂一样地所向披靡，做什么都毫不费力。遇到困难和烦恼，她们能不声不响地解决，轻松地就像拂去肩头的一粒灰尘。亦舒女郎是我大学时代至今的努力方向，只可惜我没做到，我身边也没有人做得到。不仅如此，我们还差点儿活成了反面教材，在生活里疲于奔命，不但没学会举重若轻，还变本加厉地在现有的烦恼上给自己升级出新的烦恼。也许有很多人早已成为"烦恼俱乐部"中的一员，比如来信咨询的这位。

亲爱的将军，心里很苦闷，不知道该说给谁听。所以想试着向你提问，希望能得到回复。到今天为止，我已经北漂3年了。在这个城市打拼很不容易，一个人很辛苦，我单身，没有喜欢的人也没有追求者，有时候也希望能有个伴儿一起面对艰难的人生，却一直没有遇到。现在的工作带给我很多压力，感觉每天都在超负荷地处理问题，我感觉很累。我在北京也认识了很多人，但都没能成为朋友，也不被别人理解。我觉得其他人都过得很开心，只有我烦恼重重。将军你一定体会不到我的心情，你这么优秀，一定不会有什么烦恼吧？希望你能告诉我，怎么样才能不再烦恼，打起精神来面对人生。谢谢你！

我的回信如下：

来信最好是咨询一个具体的问题，像如此形而上的思辨类提问，我想比较适合让哲学家来回复。就像问如何能赚钱、如何能每天都开心一样，这些问题本身就反映了你的问题：你在寻找不存在的答案。我想带你到这个真实的世界看一看，生活中没有"容易"二字。一切都难以永续，哪怕是快乐，持续一辈子，也会让人疲软。在你看来，这个世界好像只有你有烦恼，别人都是乐得其所的样子。可实际上人人都有烦恼，这是这个世界上最公平的地方。无论是哪种烦恼，它都会给我们带来不愉悦的体验，这与人的出身无关。

我也并不是你期待中的不食人间烟火的模样。跟你和大多数人一样，我每天同样在面对各种可能突如其来的琐碎杂事或巨大变故，小到额头长了一颗痘，平常到加班熬夜、睡眠不足，写东西时没灵感，大到已跨入单身剩女行列，没有一件事顺遂到能支撑我每天都快乐。

你看，你本以为能跟我讨得修炼的秘籍，却发现我平凡如草芥，不值得你高看一眼。刘瑜说过，其实，无论男女，作为动物活在世上，一颗果子浸灭在嘴里的滋味是一样的，为对方梳理皮毛的眷恋是一样的，被命运碾过的痛苦是一样的，生之狂喜和死之无可奈何也是一样的。对于烦恼的体验也难有差别。所以，可能本就不必苦苦追寻如何才能不烦恼，倒不如问问如何跟烦恼共处。我猜想你期待的是听听如何从心理学角度调整自己，有没有什么灵丹妙药似的方法，服用后十分钟就见效。可能，你还是会失望。

因为最简单最直接最奏效的方法就是行动，这听起来似乎没什么惊喜的。你可能会问，我要的是调节情绪或者改变想法，关行动什么事？可我们并非哲人，不能仅靠较劲似的思辨就能脱胎换骨好起来，而情绪这种看不见抓不住的东西改变起来似乎也难得章法，做什么都像是拳头砸在棉花上。好在我们身体里有一个联动机制：行为——认知——情绪，改变其中的任何一个都会对其他两部分大有裨益。恰好，我们至少可以改变我们的行为，行动起来，说不定就能牵制情绪。

行动起来

经过我的无数尝试，**"行动起来"是迄今为止能帮我最快走出低迷，跟烦恼和解最好的方式。**到底该做些什么呢？当然，最重要的是正确且积极的事，例如努力工作、提升专业知识、技能。但这些事往往需要巨大的意志力，还需要付出很多努力，且短期内看不到成果，那心情低潮时就更难做到了，怎么办？

除了喝心灵鸡汤，也有很多能获得即时满足感的事情。例如，购物、暴饮暴食等。但这些事带来的满足感不但难以持续，反而还有可能演变成祸患，高额的信用卡账单、不断增加的体重等都可能会给我们带来新的烦恼。所以，以上方式只是看似有效实则隐藏危机。

我们需要的是既能让我们在烦恼的当下缓解情绪，但又不会因为做了不得当的事而增加调整情绪的成本的方法。我想跟你分享几条实用、性价比高的方法。这些方法既能让我们获得的即时满足感，又能对未来产生积极影响的事情。

1. 打理好你的外表

对我来说屡试不爽的自我调节方式是精油SPA，它能让我感觉到在被这个世界温柔地呵护着。即使外面风雨交加，至少在这幽暗的房间里，有人用最平和和舒缓的方式关心我的疲惫。精油有放松身体的作用，身心相连，身体的舒适也会提升心灵的舒适度。也可以尝试敷个面膜，出门化个妆，穿上好看的衣服，看着镜子里的活力满满的自己，才有继续和烦恼斗争的动力。

2. 运动

运动会产生内啡肽和多巴胺，这两个名字拗口的东西会让我们产生快乐的感觉。多巴胺是大脑分泌的一种神经传导物质，这种脑内分泌物质主要负责传递亢奋和欢愉的信息。内啡肽是一种脑下垂体分泌的类吗啡生物化学合成物激素，等同天然的镇痛剂，它也被称之为"快感荷尔蒙"或者"年轻荷尔蒙"，这种荷尔蒙可以帮助人保持年轻快乐的状态。我推荐跑步、瑜伽等运动方式。

3. 读书

我推荐名人传记类图书，读起来荡气回肠。读曹操、曾国藩、撒切尔、林徽因，其实也是在读你自己，把烦恼放在更宏大的世界里，它会更显渺小，乃至消弭不见。不管你在意或者不在意，它们都会变成历史的尘埃。

4. 看电影

看别人的故事，理顺自己的人生。哭和笑都能释放情绪，思考也会带来启发。我曾在电影里得到过生活里感受不到的感动、激情、动力及勇气，又把它们放到生活当中浇灌自己。

5. 吃美食

品尝食物的美妙之处在于适量，吃得太饱只有饱腹感，吃得太少又牵肠挂肚。有一点满足就刚刚好。生命之初，我们通过母亲的乳汁来获得与世界的联结，这是我们的本能。从食物中获得温暖和安全，让情绪得到宣泄，是一种朴素的疗愈方式。还记得港剧那句最经典的台词吗——"要不要我下面给你吃？"这句问话其实包含着最实用有效的哲学思想。

6. 做一件想做却没做过的事

烦恼是阻碍，但有时也是一剂猛药。那些一直在吸引你做的事，总是被各种原因推迟。你将它们搁置，觉得哪一天都不像良辰吉日，那不如就带着烦恼去完成它，做自己想做的事，这是烦恼的积极意义。

电影《杯酒人生》中的主人公迈尔斯，一直很喜欢品酒，他有一瓶珍藏了许久的顶级红酒，打算找个特别的日子品尝，也许是跟心爱的女人在一起的那天，也许是他的小说出版的那天……但是这些都没有发生，他依旧求而不得，烦恼至极，渐渐明白也许那特别的日子根本就不会出现。最终，迈尔斯选择了在快餐店就着汉堡喝掉了他珍藏的佳酿，而这一天是整部电影当中，他最郁郁不得志的一天。**再昂贵的酒也不是天生肩负为你庆祝的责任，一切都是你赋予它的意义罢了**。而只要你开始行动，每一天都可以是特别的。例如，在最糟糕的境遇里，为做了一件特别的事而举杯，然后继续努力生活；在最烦恼的一天，你依然有魄力做了自己想做而没做的事，以后还有什么困难能把你撂倒？说不定能从现在做的事中发现新的体悟和转折。一切都无须计较和特意安排，只需享受现在。

拥抱当下的自己

说了这么多，如果你依然觉得心烦意乱的时候什么都做不下去，改变自己也难，那也许你需要的并不是减轻烦恼的方法，只是童话里公主般毫无波折的人生，再不济也要自带灰姑娘属性，等待一个时刻惊艳全场，征服所有人。可你的人生未必一直如烟花般绚烂，升得再高的烟火，也要划过天际坠向地面。如果你仅仅在快乐、顺心的时候才享受你自己的生命，那就是对生活的最大浪费，因为花花世界，有喜有乐才是真实和全部。

亦舒女郎手里攥着的，是那张跟你一模一样的生活入场券。

她过得那么自在精彩，正是因为经过悲伤、烦恼的舞台时，她也同样奋力演出，积攒成长的筹码。只有这样才能更快成长进化，奔向快乐、兴奋、美好的新天地。而你，只愿意哭丧着脸在烦恼的舞台前踟蹰，却始终不愿意承认停滞不前根本无法使你到达目的地。

最后送你一句我喜欢的电影台词："让我们进化，水来土掩。我期待着你，脱胎换骨。"也同样期待着我们都成为那样一种人，哪怕是万箭穿心，也要活得光芒万丈。